Cadence 17.4
高速电路设计与仿真
自学速成

解江坤◎编著

人民邮电出版社

北 京

图书在版编目（ＣＩＰ）数据

Cadence 17.4高速电路设计与仿真自学速成 / 解江坤编著. -- 北京：人民邮电出版社，2021.11
ISBN 978-7-115-56629-4

Ⅰ. ①C… Ⅱ. ①解… Ⅲ. ①印刷电路－计算机辅助设计－仿真设计 Ⅳ. ①TN410.2

中国版本图书馆CIP数据核字(2021)第108018号

内 容 提 要

全书以 Cadence 17.4 为平台详细介绍了高速电路的设计与仿真。全书共 12 章，内容包括 Cadence 基础入门、原理图库、原理图基础、原理图环境设置、元件操作、原理图的电气连接、原理图的后续处理、仿真电路、创建 PCB 封装库、印制电路板设计、布局和布线等。

本书可以作为大中专院校电子相关专业教材，也可以作为各种培训机构的培训教材，同时还可作为电子设计爱好者的自学辅导书。

随书配送的电子资料包含全书实例的源文件素材和实例同步讲解视频。

◆ 编　著　解江坤
　责任编辑　黄汉兵
　责任印制　陈　犇

◆ 人民邮电出版社出版发行　北京市丰台区成寿寺路 11 号
　邮编　100164　电子邮件　315@ptpress.com.cn
　网址　https://www.ptpress.com.cn
　三河市祥达印刷包装有限公司印刷

◆ 开本：787×1092　1/16
　印张：22.5　　　　　　　2021 年 11 月第 1 版
　字数：573 千字　　　　　2021 年 11 月河北第 1 次印刷

定价：99.80 元

读者服务热线：(010)81055493　印装质量热线：(010)81055316
反盗版热线：(010)81055315
广告经营许可证：京东市监广登字 20170147 号

前 言

Cadence公司的全称是Cadence Design Systems Inc.,是一家EDA（电子设计自动化：Electronic Design Automation）工具软件公司，在国际上有着较高的品牌影响力和市场份额。而中国作为电子制造大国正在从"中国制造"向"中国设计"迈进，中国市场的潜力被越来越多的跨国公司所重视。

Cadence公司推出的Cadence SPB 17.4软件是高端PCB设计领域最流行的EDA工具之一。Cadence SPB 17.4的原理图编辑器OrCAD Capture CIS，提供方便、快捷、直观的原理图编辑功能，支持层次式原理图创建及变体设计输出，其元件信息管理系统（CIS）可帮助用户缩短产品设计周期、降低产品成本。

Cadence SPB 17.4的PCB设计界面Allegro PCB Editor，提供从布局、布线到生产文件输出等一系列强大功能，例如多人协同设计、RF PCB设计、可制造性检查、SI/PI分析、约束驱动的布局及布线，可降低反复试验的风险，帮助工程师快速准确地完成PCB Layout，降低研发成本。

Cadence SPB 17.4的仿真与分析编辑器PSpice Model Editor中的PSpice AD/AA，提供工业标准的Spice仿真器，以解决电路功能仿真以及参数优化等各种问题，提高产品性能及可靠性。Allegro Sigrity提供基于非理想电源平面技术的SI/PI仿真分析一站式解决方案，可帮助客户轻松应对当今高速电路设计中的SI/PI/EMC挑战。

一、本书特色

本书具有以下5大特色。

● 针对性强

本书编者根据自己多年计算机辅助电子设计领域的工作经验和教学经验，针对初学者学习Cadence的难点和疑点，由浅入深，全面细致地讲解了Cadence在电子设计应用领域的各种功能和使用方法。

● 实例专业

本书中有很多实例本身就是工程设计项目案例，经过编者精心提炼和改编，不仅保证了读者能够学好知识点，更重要的是能帮助读者掌握实际的操作技能。

● 提升技能

本书从全面提升Cadence设计能力的角度出发，结合大量的案例来讲解如何利用Cadence进行工程设计，真正让读者懂得计算机辅助电子设计并能够独立地完成各种工程设计。

● 内容全面

本书在有限的篇幅内，讲解了Cadence的全部常用功能，内容涵盖了原理图绘制、电路仿真、印制电路板设计等知识。读者通过学习本书，可以较为全面地掌握Cadence相关知识。本书不仅有透彻的讲解，还有丰富的实例，通过这些实例的演练，能够帮助读者找到一条学习Cadence的终南捷径。

● 知行合一

本书结合大量的电子设计实例，详细讲解了Cadence的知识要点，让读者在学习案例的过程中潜移默化地掌握Cadence软件操作技巧的同时提升工程设计的实践能力。

二、电子资料使用说明

本书除有传统的书面内容外，还随书附送了方便读者学习和练习的源文件素材。读者可扫本页下方二维码获取源文件下载链接。

为了更进一步方便读者学习，本书还配有教学视频，对书中的实例进行了详细讲解。读者可使用微信"扫一扫"功能扫描正文中的二维码观看视频。

三、本书服务

1. 安装软件的获取

按照本书上的实例进行操作练习，以及使用Cadence进行工程设计时，需要事先在计算机上安装相应的软件。读者可访问Cadence公司官方网站下载试用版，或到当地经销商处购买正版软件。

2. 关于本书的技术问题

读者朋友遇到有关本书的技术问题，可以加入QQ群981980694直接留言，我们将尽快回复。

四、本书编写人员

本书由解江坤老师编著，张辉、赵志超、徐声杰、朱玉莲等也为本书的出版提供了大量帮助，在此一并表示感谢。

由于时间仓促，加上编者水平有限，书中不足之处在所难免，望广大读者发送邮件到2243765248@qq.com批评指正，编者将不胜感激。

扫描关注公众号
输入关键词56629
获取练习源文件

编　者

2021年4月

目 录

第 1 章

Cadence 基础入门

本章将从 Cadence 17.4 的功能特点讲起，介绍该软件的界面环境及基本操作方式，使读者从总体上了解和熟悉软件的基本结构和操作流程。

 ✦ Cadence软件新功能

 ✦ Cadence功能模块

 ✦ Cadence软件平台介绍

1.1 电路总体设计流程

为了让用户对电路设计过程有一个整体的认识和理解，下面我们介绍一下PCB电路板设计的总体设计流程。

通常情况下，从接到设计要求书到最终制作出PCB电路板，主要经历以下几个步骤。

1. 案例分析

这个步骤严格来说并不是PCB电路板设计的内容，但对后面的PCB电路板设计又是必不可少的。案例分析的主要任务是决定如何设计原理图电路，同时也影响到PCB电路板如何规划。

2. 绘制原理图元器件

虽然软件提供了丰富的原理图元器件库，但不可能包括所有元器件，必要时需动手设计原理图元器件，建立自己的元器件库。

3. 绘制电路原理图

找到所有需要的原理图元器件后，就可以开始绘制原理图了。根据电路复杂程度决定是否需要使用层次原理图。完成原理图后，用ERC（电气规则检查）工具查错，找到出错原因并修改原理图电路，重新查错直到没有原则性错误为止。

4. 电路仿真

在设计电路原理图之前，有时候会对某一部分电路设计并不十分确定，因此需要通过电路仿真来验证。还可以通过仿真来确定电路中某些重要元器件的参数。

5. 绘制元器件封装

与原理图元器件库一样，软件的电路板封装库也不可能提供所有元器件的封装，需要自行设计并建立新的元器件封装库。

6. 设计PCB电路板

确认原理图没有错误之后，开始PCB的绘制。首先绘出PCB的轮廓，确定工艺要求（使用几层板等）。然后将原理图传输到PCB中，在网络报表（简单介绍来历功能）、设计规则和原理图的引导下布局和布线。最后利用DRC（设计规则检查）工具查错。此过程是电路设计时另一个关键环节，它将决定该产品的实用性能，需要考虑的因素很多，不同的电路有不同要求。

7. 文档整理

对原理图、PCB图及元器件清单等文件予以保存，以便以后维护、修改。

1.2 Cadence软件新功能

Cadence SPB Allegro和OrCAD 2019 v17.40是Cadence公司开发的一套全新的人性化可扩展设计平台，简称为Cadence 17.4，用于为数据云、互联网、移动设备及工业4.0等领域的专业PCB设计提供解决方案，能够为用户的团队提供全面支持，以顶尖流程工艺助客户实现最高生产力和最高效率，设计出成功的硅片产品，缩短上市时间。

其中Cadence Allegro包括了多个模块，比如Allegro PCB Designer就是一个灵活可扩展的平台，是经过了全球用户广泛验证的PCB设计环境，它使设计周期更短且可预测；Allegro Design

Authoring则提供企业级原理图设计方案，让硬件工程师可以快速高效地创建复杂设计。Cadence OrCAD同样包括了多个模块，比如Cadence OrCAD PCB Designer是目前行业内非常流行的EDA工具，提供了一个"原理图设计—PCB设计—加工数据输出"全流程的设计平台，其可靠性和可升级性被业内人士广泛认同。Cadence OrCAD Capture CIS则是一款多功能的PCB原理图输入工具，具有功能强大的元件信息系统，可以在线和集中管理元件数据库，从而大幅提升电路设计的效率。

1.3　Cadence功能模块

OrCAD涵盖原理图工具OrCAD Capture、Capture CIS（含有元件库管理功能）、原理图仿真工具PSpice（PSpiceAD、PSpiceAA）、PCB Layout工具OrCAD PCB Editor（Allegro L版本，OrCAD原来自有的OrCAD Layout在2008年已经在全球范围停止销售）、信号完整性分析工具OrCAD Signal Explorer（Allegro SI基础版本）。

Allegro SPB涵盖原理图工具Design Entry CIS（与OrCAD Capture CIS完全相同），Design Entry HDL（旧Concept HDL）、原理图仿真工具Allegro AMS Simulator（即PSpiceAD、PSpiceAA）、PCB Layout工具Allegro PCB Editor（有L、Performance、XL、GXL版本）、信号完整性分析工具Allegro PCB SI（有L、Performance、XL、GXL版本）。

Cadence 17.4与之前的几个版本在功能模块上既有相同的地方，也有不同之处，下面简单介绍具体功能模块。

1. Allegro PCB Designer

Allegro PCB Designer的PCB设计解决方案以基础设计工具包和可选功能模块的组合形式提供，它包含产生PCB设计所需的全部工具，以及完全一体化的设计流程。基础设计工具包Allegro PCB Designer包含通用和统一的约束管理解决方案、PCB Editor、自动/交互式的布线器，以及与制造和机械CAD的接口。PCB Editor提供了一个完整的布局布线环境，适用于从简单到复杂的各种PCB设计。其优点如下：

（1）支持两种原理图设计环境：业界公认最好用的Capture原理图及具有超强编辑能力的Design Authoring原理图。

（2）兼容简单及复杂的各类PCB布局、布线编辑环境。

（3）原理图及PCB统一的约束管理方案，实时、提醒式显示长度和时序余量。

（4）实时的基于形状的推挤布线、任意角度的紧贴布线使得布线空间得以完美利用。

（5）动态覆铜可智能避让不同网络的过孔、走线及覆铜。

（6）布局复制技术使用户能够在设计中快速完成多个相似电路的布局、布线。

（7）3D视图及干涉检查，支持平移、缩放和旋转显示，支持复杂孔结构或电路板绝缘层部分的显示。

（8）翻转电路板功能使得装配/测试工程师有一个真正的底侧视图。

（9）制造和机械CAD的接口，具有丰富的Skill二次开发接口函。

2. Allegro Design Authoring

Allegro Design Authoring提供企业级原理图设计方案，让硬件工程师可以快速高效地创建复杂设计。其特色如下。

（1）完全层次化的设计方法。

（2）多视点（多个窗口显示相同或者不同的电路）。

（3）组件浏览和实体元件选择（具有过滤功能的物理元件列表）。

（4）项目管理器（统一流程管理、工具的运行设置）。

（5）层次管理器（结构管理）。

（6）直接从原理图生成层次化的VHDL和VERILOG网表格式。

（7）Cadence SKILL程序语言扩展支持。

（8）所有的Allegro PCB Editor产品可以交互设计与交互高亮显示。

（9）优化算法保证最少的元件使用。

（10）通过附加工具交互式来保证原理图与版图的同步。

（11）生成标准报告，包括自定制的料单。

（12）TTL、CMOS、ECL、Memory、PLD、GaAs、Interface和VLSI库。

（13）ANSI/IEEE以及常用符号。

3. Cadence OrCAD Capture CIS

Cadence OrCAD Capture CIS是一款多功能的PCB原理图输入工具。OrCAD Capture作为行业标准的PCB原理图输入方式，是当今世界最流行的原理图输入工具之一，具有简单直观的用户设计界面。OrCAD Capture CIS具有功能强大的元件信息系统，可以在线和集中管理元件数据库，从而大幅提升电路设计的效率。

OrCAD Capture CIS提供了完整的、可调整的原理图设计方法，能够有效应用于PCB的设计创建、管理和重用。将原理图设计技术和PCB布局、布线技术相结合，OrCAD能够帮助设计师从一开始就抓住设计意图。不管是用于设计模拟电路、复杂的PCB、FPGA和CPLD、PCB改版的原理图修改，还是用于设计层次模块，OrCAD Capture都能为设计师提供快速的设计输入工具。此外，OrCAD Capture原理图输入技术让设计师可以随时输入、修改和检验PCB设计。

OrCAD Capture CIS与OrCAD PCB Editor的无缝数据连接，可以很容易实现物理PCB的设计，与Cadence PSpice A/D高度集成，可以实现电路的数模混合信号仿真。OrCAD Capture CIS在原理图输入基础上，加入了强大的元件信息系统，可用于创建、跟踪和认证元件，便于优选库和已有元件库的重用。这种简单的原理图输入技术让设计师能够更好地发挥他们的创造力，专注于电路设计，而不是忙碌于工具层面的操作。其优点如下：

（1）在一个会话窗中可以查看和编辑多个项目。

（2）通过互联网访问最新元器件。

（3）通过电路图内部或电路图之间的复制、粘贴，可以再利用原有的原理图设计数据。

（4）从一整套功能元器件库中选择元器件。

（5）用内嵌的元件编辑器更改或移动元件引脚名称和引脚编号。

（6）支持设计文件被其他用户打开时，该设计文件将自动锁定。

（7）放置、移动、拖动、旋转或镜像被选中的单个元件或组合元件时，电气连接是可视的。

（8）通过检查设计和电气规则，确保设计的完整性及正确性。

（9）可以直接嵌入图形对象、书签、标识以及位图图片等。

（10）通过选择公制或英制单位来确定网格间距以满足所有绘图标准。

（11）支持非线性自动缩放平移画面；具有高效率的查找/搜索功能。

4. Cadence OrCAD PCB Designer

Cadence OrCAD PCB Designer是目前行业内非常流行的EDA工具，OrCAD PCB Designer提供了一个"原理图设计—PCB设计—加工数据输出"全流程的设计平台，其可靠性和可升级性被业内人士广泛认同。它的高性能可以使企业缩短项目设计周期，降低项目成本，加快产品上市时间，可以有效控制产品设计风险，从而提高企业在行业中的竞争力。

这款功能强大、高度集成的PCB设计平台工具，主要包含设计输入、元件库工具、PCB编辑器/布线器和可选的数模信号完整性仿真工具。这些简单直观的PCB设计工具体现着OrCAD的专业价值，并且将来便于升级到Cadence Allegro系列，来进行更复杂PCB的设计。

Cadence OrCAD PCB设计解决方案提供了电路板从设计到生产所有流程对应的设计解决方案，这是一个完整的PCB设计环境。该设计解决方案集成了从设计构想到最终产品所需要的一切功能模块，包含规则管理器（Constraint Manager）、原理图输入工具（Capture）、元件管理工具（CIS）、PCB编辑器（PCB Editor）和自动/交互式布线器（SPECCTRA），以及用于制造和机械加工的各种CAD接口。随着设计难度和复杂性的增加，可以通过统一的数据库架构、应用模型和元件封装库为Cadence OrCAD和Allegro产品系列提供完全可升级的PCB解决方案，便于加速设计和扩大设计规模。

Cadence OrCAD PCB Editor对于设计简单电路板来说，是一款非常简单实用的PCB板层编辑工具。基于可靠的Allegro PCB设计技术，OrCAD PCB Editor提供了许多优秀功能，可以使从PCB布局、布线到加工数据输出的整个设计流程的效率得到极大的提高。它可以提高企业生产效率、缩短设计周期，并提高工程师的设计能力。其优点如下：

（1）提供可靠的、可升级、可降低成本的PCB布局布线解决方案，并且随着设计要求变化随时进行更新。

（2）可实现从前端到后端的紧密整合，提高设计效率，确保设计数据完整性。

（3）包含一整套全面的功能组合，紧密结合的PCB设计环境提供了产品设计的一整套解决方案。

（4）包含一个从前端到后端的约束管理系统，用于约束创建、管理和确认。

（5）提供从基础/高级布局布线，到战略性规划和全局布线的完整的互联环境。

（6）动态覆铜技术可以实时填充和挖空，用以消除手工覆铜时挖空出错并进行修复，提高覆铜的效率。

1.4　Cadence软件平台介绍

Cadence公司在EDA领域处于国际领先地位，旗下PCB设计领域有OrCAD和Allegro SPB两个品牌，目前Cadence PCB领域执行双品牌战略，OrCAD覆盖中低端市场（主要与Protel和PADS竞争），

Allegro SPB覆盖中高端市场（主要与Mentor和Zuken竞争）。

1.4.1　OrCAD Capture CIS工作平台

Design Entry CIS成功启动后便可进入主窗口OrCAD Capture CIS，如图1-1所示。用户可以使用该窗口进行工程文件的操作，如创建新工程、打开文件、保存文件等。

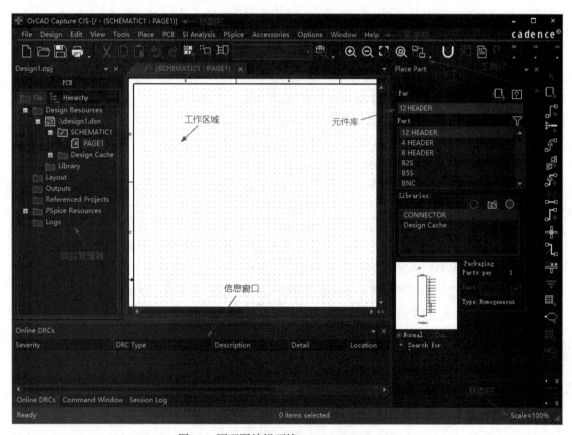

图1-1　原理图编辑环境OrCAD Capture CIS

原理图设计平台同标准的Windows软件的风格一致，包括从层叠式菜单结构到快捷键的使用，还有工具栏等。

由图1-1可知，OrCAD Capture CIS图形界面有8个部分，分别如下。

- 标题栏：显示当前打开软件的名称及文件的路径、名称。
- 菜单栏：同所有的标准Windows应用软件一样，OrCAD Capture CIS采用的是标准的下拉式菜单。
- 工具栏：在工具栏中收集了一些比较常用功能，将它们图标化以方便用户操作使用。
- 项目管理器：此窗口可以根据需要打开和关闭，显示工程项目的层次结构。
- 工作区域：用于原理图绘制、编辑的区域。
- 信息窗口：在该窗口中实时显示文件运行阶段的消息。

- 状态栏：在进行各种操作时状态栏都会实时显示一些相关的信息，所以在设计过程中应及时查看状态栏。
- 元件库：可随时打开或关闭，在此窗口中进行元件的添加、搜索与查询等操作，是原理图设计的基础。

在上述图形界面中，除了标题栏和菜单栏之外，其余的各部分可以根据需要进行打开或关闭。

1.4.2　Design Entry HDL工作平台

Design Entry HDL是Cadence公司自身的旧版软件Concept HDL，是设计环境支持行为和结构的设计描述，并综合了模块编辑功能。将原理图分成很多页，每次只显示1页。原理图中的所有元件都是参考不同的库，可以用归档功能将所用的库归档到一起，是参考编辑器。

在打开一个原理图设计文件或创建了一个新的原理图文件的同时，"Design Entry HDL"的原理图编辑器"Allegro Design Entry HDL"将被启动，即打开了电路原理图的编辑环境，如图1-2所示。

图1-2　原理图编辑环境"Allegro Design Entry HDL"

原理图设计平台同标准的Windows软件的风格一致，包括从层叠式菜单结构到快捷键的使用，还有工具栏等。

图形界面有7个部分，分别如下。

- 标题栏：显示当前打开软件的名称及文件的路径、名称。
- 菜单栏：同所有的标准Windows应用软件一样，OrCAD Capture HDL采用的是标准的下拉式菜单。

- 工具栏：在工具栏中收集了一些比较常用功能，将它们图标化以方便用户操作使用。
- 项目管理器：此窗口可以根据需要打开和关闭，显示工程项目的层次结构。
- 全局导航：主要是在相同网络查找的时候有用，用鼠标选中一根信号线，相同网络名称的信号线便会显示在这里，可以任意点击进行跳转。
- 工作区域：用于原理图绘制、编辑的区域。
- 状态栏：在进行各种操作时状态栏都会实时显示一些相关的信息，所以在设计过程中应及时查看状态栏。

1.4.3 Part Developer工作平台

Part Developer编辑器可以对元件的原理图库符号、物理引脚的对应信息及元件列表的数据等进行编辑，还可以创建和校验元件数据。

Part Developer图形界面由标题栏、菜单栏、工具栏、项目管理器、输出窗口、信息栏和状态栏组成，如图1-3所示。

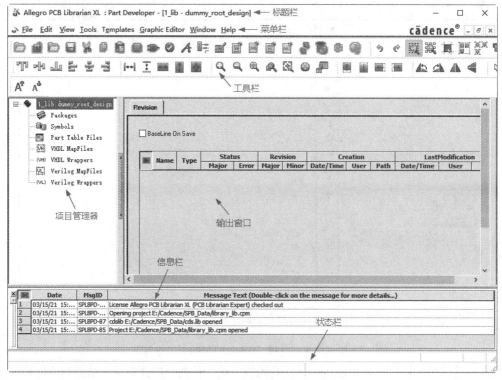

图1-3　元件编辑图形界面

元件编辑器Part Developer是用来创建元件的工具，其最大的特点是直观和简便。不管是创建一个新的元件还是对一个旧的元件进行编辑，都要清楚地知道在Cadence中一个完整的元件到底包含了哪些内容以及这些内容是怎样来有机地表现一个完整的元件的。

1.4.4　SigXplorer工作平台

SigXplorer界面有菜单栏、工具栏、工作区、信息窗口以及控制面板，如图1-4所示。

图1-4　SigXplorer主界面

1. 控制面板

打开"Parameters（参数）"控制面板，显示整个参数的总标题CIRCUIT，单击"CIRCUIT"前面的"+"号，如图1-5所示。

Parameters	
Name	**Value**
CIRCUIT	
autoSolve	Off
tlineDelayMode	time
userRevision	1.0

图1-5　选择"Parameters"栏

- tlineDelayMode：选择是用时间（缺省单位：ns）还是用长度（缺省单位：mm）表示传输线的延时（传输线的缺省传输速度是140mm/ns）。
- userRevision表示目前的拓扑版本，第一次一般是1.0，以后修改拓扑时可以将此处的版本提高，这样以后在Constraint Manage里不用重新赋拓扑，只要升级拓扑即可。
- autoSolve：选择关闭系统自动处理问题的功能，而采用手动解决电路仿真过程中的问题。

2. 信息窗口

在工作区下面的信息窗口中有"Command（命令）""Measurements（测量）""Results（结果）"这3个选项。

（1）"Command（命令）"窗口

在该窗口中显示各命令操作。

（2）"Measurements（测量）"窗口

在该窗口，显示4种仿真类型，每个仿真类型前面显示"+"号，如图1-6所示。

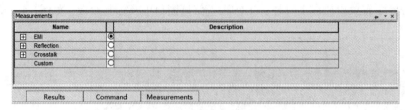

图1-6　选择仿真类型

- EMI：电磁兼容性仿真。
- Reflection：反射仿真，反射是指信号在传输线上的回波现象。在高速的PCB中导线必须等效为传输线，信号功率没有全部传输到负载处，有一部分被反射回来了。按照传输线理论，如果源端与负载端具有相同的阻抗，反射就不会发生了。如果二者阻抗不匹配就会引起反射，负载会将一部分电压反射回源端。根据负载阻抗和源阻抗的关系大小不同，反射电压可能为正，也可能为负。如果反射信号很强，叠加在原信号上，很可能改变逻辑状态，导致接收数据错误。如果在时钟信号上可能引起时钟沿不单调，进而引起误触发。一般布线的几何形状、不正确的线端接、经过连接器的传输及电源平面的不连续等因素均会导致此类反射。另外常有一个输出多个接收，这时不同的布线策略产生的反射对每个接收端的影响也不相同，所以布线策略也是影响反射的一个不可忽视的因素。
- Crosstalk：串扰仿真，串扰是相邻两条信号线之间的不必要的耦合，信号线之间的互感和互容引起线上的噪声。因此也就把它分为感性串扰和容性串扰，分别引发耦合电流和耦合电压。当信号的边沿速率低于lns时，串扰问题就应该考虑了。如果信号线上有交变的信号电流通过时，会产生交变的磁场，处于磁场中的相邻的信号线会感应出信号电压。一般PCB板层的参数、信号线间距、驱动端和接收端的电气特性及信号线的端接方式对串扰都有一定的影响。在Cadence的信号仿真工具中可以同时对6条耦合信号线进行串扰后仿真，可以设置的扫描参数有：PCB的介电常数、介质的厚度、沉铜厚度、信号线长度和宽度、信号线的间距。仿真时还必须指定一个受侵害的信号线，也就是考察另外的信号线对本条线路的干扰情况，激励设置为常高或是常低，这样就可以测到其他信号线对本条信号线的感应电压的总和，从而可以得到满足要求的最小间距和最大并行长度。
- Custom：自定义仿真。单击"Reflection（反射）"前面的"+"号，可以查看被报告的反射测量的不同类型，同时"+"号显示为"-"号，如图1-7所示。

在"Reflection"选项组下选择表格中某一单元，单击鼠标右键，在弹出的菜单中选择"All on（全选）"，勾选"Reflection"选项组下所有默认的仿真测量，如图1-8所示。

单击表格区域"Reflection"前面的"-"号，则收起反射测量内容。

（3）"Results（结果）"

在该窗口显示仿真结果。

图1-7 查看显示类型

图1-8 勾选所有仿真测量

1.4.5 Allegro PCB工作平台

与原理图编辑器的界面一样，PCB编辑器界面Allegro PCB也是在软件主界面的基础上添加了一系列菜单和工具栏，这些菜单及工具栏主要用于PCB设计中的电路板设置、布局、布线及工程操作等。

由图1-9可知，Allegro PCB设计系统主要由标题栏、菜单栏、工具栏、控制面板、状态栏、视窗、控制面板、工作窗口和命令窗口组成。

图1-9　"Allegro PCB"编辑器界面

1．标题栏

显示选择的开发平台、设计名称、存放路径等信息。

2．菜单栏

位于标题栏的下方，在PCB设计过程中，各项操作都可以使用菜单栏中相应的菜单命令来完成，包括用具的启动和优化设计的入口，各项菜单中的具体命令如下。

- Files（文件）菜单：主要用于文件的打开、关闭、保存与打印等操作。
- Edit（编辑）菜单：用于对象的选取、复制、粘贴与查找等编辑操作。
- View（视图）菜单：用于视图的各种管理，如工作窗口的放大与缩小，各种工具、面板、状态栏及节点的显示与隐藏等。
- Add（添加）：用于添加绘图工具。
- Display（显示）：用于显示属性参数的设置。
- Setup（设置）菜单：用于环境参数的设置。
- Shape（外形）菜单：用于设置电路板外形。
- Logic（原理图）菜单：用于原理图属性的添加与设置。
- Place（放置）菜单：包含了在PCB中放置对象的各种菜单项。
- FlowPlan（流程图）：用于对流程图的插入、编辑等操作。
- Route（布线）菜单：可进行与PCB布线相关的操作。
- Analyze（分析）菜单：用于电路板分析设置。
- Manufacture（制造）菜单：用于电路板加工制造前的参数设置。

- Tools（工具）菜单：可为PCB设计提供各种工具，如DRC检查、元件的手动/自动布局、PCB图的密度分析以及信号完整性分析等操作。
- "Help（帮助）"菜单：帮助菜单。

3．工具栏

工具栏中以图标按钮的形式列出了常用菜单命令的快捷方式，用户可根据需要对工具栏中包含的命令项进行选择，对摆放位置进行调整。

在PCB设计界面中，Allegro PCB 17.4提供了丰富的工具栏，如图1-10所示。

图1-10　工具栏

4．控制面板

控制面板一般位于右侧，在PCB设计中经常用到的工作面板有Option（选项）面板、Find（查找）面板及Visibility（可见性）面板。

5．视窗

在"View（视窗）"窗口中可以看到整个电路板的轮廓，也可以显示电路板局部区域，同时控制该电路板的大小，调整电路板位置。

6．状态栏

状态栏显示在编辑器界面最下方，与标题栏相对应，分布于整个编辑器界面的顶端与底部。实时显示执行的命令名称、坐标点位置等，如图1-11所示。

图1-11　状态栏

7．命令窗口

"Command（命令）"窗口是输入命令名和显示命令提示的区域，显示当前正在使用的命令信息，默认的命令行在工作区下方，为若干文本行。绝大多数的Allegro的菜单中的命令都有相对应的命令名字，通过在命令窗口中输入相应的"名字＋回车"，与通过鼠标单击相应的命令达到一样的效果。

程序通过命令窗口反馈各种信息，包括出错信息。因此，用户要时刻关注在命令窗口中出现的信息。

8．工作区

工作区是进行电路原理图设计的工作平台。在该区域中，用户可以新绘制一个电路图，将从原理图中导入的封装元件进行布局、布线、覆铜等操作。

1.5 电路设计分类

电路设计就是指实现一个电子产品从设计构思、电学设计到物理结构设计的全过程。在Cadence中，设计电路板最基本的完整过程有以下几个步骤。

1．电路原理图的设计

电路原理图的设计主要是利用Cadence中的原理图设计系统来绘制一张电路原理图。在这一步中，可以充分利用Cadence所提供的各种原理图绘图工具、丰富的在线库、强大的全局编辑能力以及便利的电气规则检查，来达到设计目的。

2．电路信号的仿真

电路信号仿真是原理图设计的扩展，为用户提供一个完整的从设计到验证的仿真设计环境。它与Cadence原理图设计服务器协同工作，以提供一个完整的前端设计方案。

3．产生网络表及其他报表

网络表是电路板自动布线的灵魂，也是原理图设计与印制电路板设计的主要接口。网络表可以从电路原理图中获得，也可以从印制电路板中提取。其他报表则存放了原理图的各种信息。

4．印制电路板的设计

印制电路板设计是电路设计的最终目标。利用Cadence的强大功能实现电路板的版面设计，完成高难度的布线以及输出报表等工作。

5．信号的完整性分析

Cadence包含一个高级信号完整性仿真器，能分析PCB和检查设计参数，测试过冲、下冲、阻抗和信号斜率，以便及时修改设计参数。

概括地说，整个电路板的设计过程先是编辑电路原理图，接着用电路信号仿真进行验证调整，然后进行布板，再人工布线或根据网络表进行自动布线。前面谈到的这些内容都是设计中最基本的步骤。除了这些，用户还可以使用Cadence的其他服务，如创建、编辑元件库和零件封装库等。

第 2 章

原理图库

大多数情况下，在同一个工程的电路原理图中，所用到的元件由于性能、类型等诸多因素的不同，可能来自于很多不同的库文件。这些库文件中，有系统提供的若干个集成库文件，也有用户自己建立的原理图库文件，不同库文件中非常不便于管理，更不便于用户之间的交流。

基于这一点，我们可以使用 Cadence 软件中提供的专用原理图库管理工具——Library Explorer，为自己的工程创建一个独有的原理图元件库，把本工程电路原理图中所用到的元件原理图符号都汇总到该元件库中，脱离其他的库文件而独立存在，这样，就为本工程的统一管理提供了方便。

本章将对元件库的创建进行详细介绍，并学习如何管理自己的元件库，从而更好地为设计服务。

 ✦ 元件库管理

 ✦ 库元件的绘制

✦ 库文件管理器

 ✦ 库元件的创建

2.1 元件库概述

Cadence具有丰富的库元件、方便快捷的原理图输入工具与元件符号编辑工具。使用原理图库管理工具可以进行元件库的管理以及元件的编辑。

通常在OrCAD Capture CIS中绘制原理图时，需要绘制所用器件的元件图形。首先要建立自己的元件库，依次向其中添加元件，就可以创建常用器件的元件库了，不断积累起来，使用会很方便。

Cadence元件库中的元件数量庞大，分类明确。Cadence元件库采用下面两级分类方法。

- 一级分类：以元件制造厂家的名称分类。
- 二级分类：在厂家分类下面又以元件的种类（如模拟电路、逻辑电路、微控制器、A/D转换芯片等）进行分类。

下面介绍系统自带的元件库。

1. AMPLIFIER.OLB

共182个零件，存放模拟放大器IC，如CA3280、TL027C、EL4093等。

2. ARITHMETIC.OLB

共182个零件，存放逻辑运算IC，如TC4032B、74LS85等。

3. ATOD.OLB

共618个零件，存放A/D转换IC，如ADC0804、TC7109等。

4. BUS DRIVERTRANSCEIVER.OLB

共632个零件，存放汇流排驱动IC，如74LS244、74LS373等数字IC。

5. CAPSYM.OLB

共35个零件，存放电源、地、输入/输出口、标题栏等。

6. CONNECTOR.OLB

共816个零件，存放连接器，如4 HEADER、CON AT62、RCA JACK等。

7. COUNTER.OLB

共182个零件，存放计数器IC，如74LS90、CD4040B。

8. DISCRETE.OLB

共872个零件，存放分立式元件，如电阻、电容、电感、开关、变压器等常用零件。

9. DRAM.OLB

共623个零件，存放动态存储器，如TMS44C256、MN41100-10等。

10. ELECTRO MECHANICAL.OLB

共6个零件，存放电机、断路器等电机类元件。

11. FIFO.OLB

共177个零件，存放先进先出资料暂存器，如40105、SN74LS232。

12. FILTRE.OLB

共80个零件，存放滤波器类元件，如MAX270、LTC1065等。

13. FPGA.OLB

存放可编程逻辑器件，如XC6216/LCC。

14. GATE.OLB

共691个零件，存放逻辑门（含CMOS和TLL）。

15. LATCH.OLB

共305个零件，存放锁存器，如4013、74LS73、74LS76等。

16. LINE DRIVER RECEIVER.OLB

共380个零件，存放线控驱动与接收器。如SN75125、DS275等。

17. MECHANICAL.OLB

共110个零件，存放机构图件，如M HOLE 2、PGASOC-15-F等。

18. MICROCONTROLLER.OLB

共523个零件，存放单晶片微处理器，如68HC11、AT89C51等。

19. MICRO PROCESSOR.OLB

共288个零件，存放微处理器，如80386、Z80180等。

共1 567个零件，存放杂项图件，如电表（METER MA）、微处理器周边（Z80-DMA）等未分类的零件。

20. MISC2.OLB

共772个零件，存放杂项图件，如TP3071、ZSD100等未分类零件。

21. MISCLINEAR.OLB

共365个零件，存放线性杂项图件（未分类），如14573、4127、VFC32等。

22. MISCMEMORY.OLB

共278个零件，存放存储器杂项图件（未分类），如28F020、X76F041等。

23. MISCPOWER.OLB

共222个零件，存放高功率杂项图件（未分类），如REF-01、PWR505、TPS67341等。

24. MUXDECODER.OLB

共449个零件，存放解码器，如4511、4555、74AC157等。

25. OPAMP.OLB

共610个零件，存放运放，如101、1458、UA741等。

26. PASSIVEFILTER.OLB

共14个零件，存放被动式滤波器，如DIGNSFILTER、RS1517T、LINE FILTER等。

27. PLD.OLB

共355个零件，存放可编程逻辑器件，如22V10、10H8等。

28. PROM.OLB

共811个零件，存放只读存储器运算放大器，如18SA46、XL93C46等。

29. REGULATOR.OLB

共549个零件，存放稳压IC，如78xxx、79xxx等。

30. SHIFTREGISTER.OLB

共610个零件，存放移位寄存器，如4006、SNLS91等。

31. SRAM.OLB

共691个零件，存放静态存储器，如MCM6164、P4C116等。

32. TRANSISTOR.OLB

共210个零件，存放晶体管（含FET、UJT、PUT等），如2N2222A、2N2905等。

由于库文件过大，因此不建议将所有元件库文件同时加载到元件库列表中，会减慢计算机运行速度。

对于特定的设计项目，用户可以只调用几个元件厂商中的二级分类库，这样可以减轻系统运行的负担，提高运行效率。用户若要在Cadence的元件库中调用一个所需要的元件，首先应该知道该元件的制造厂家和该元件的分类，以便在调用该元件之前把包含该元件的元件库载入系统。

2.2 元件库管理

在绘制电路原理图的过程中，首先要在图纸上放置需要的元件符号。Cadence作为一个专业的电子电路计算机辅助设计软件，一般常用的电子元件符号都可以在它的元件库中找到，用户只需在Cadence元件库中查找所需的元件符号，并将其放置在图纸适当的位置即可。

2.2.1 打开"Place Part（放置元件）"面板

1. 打开"Place Part（放置元件）"面板的方法如下。

（1）将光标箭头放置在工作窗口右侧的"Place Part（放置元件）"标签上，此时会自动弹出"Place Part"（放置元件）面板，如图2-1所示。

（2）如果在工作窗口右侧没有"Place Part（放置元件）"标签，单击"Draw Electrical"工具栏中的"Place part（放置元件）"按钮 或选择菜单栏中的"Place（放置）"→"Part（元件）"命令。

2. Design Cache并不是已加载的元件库，而是用于记录过去用过的元件，以便以后再次取用。

图2-1 "Place Part（放置元件）"面板

2.2.2 加载元件库

在OrCAD Capture CIS图形界面中，元件库的加载分两种情况：系统中可用的库文件、当前项目可用的库文件。

1. 系统中可用的库文件

（1）单击"Place Part（放置元件）"面板"Libraries（库）"选项组下"Add Library（添加库）"按钮 ，系统将弹出图2-2所示的"Browse File（搜索库）"对话框，选中要加载的库文件，单击"打开"按钮，在"Place Part（放置元件）"面板"Library"选项组下文本框中会显示已加载的库的列表，如图2-1所示。

（2）在"Browse File（搜索库）"对话框中显示可加载的元件库。

（3）在"Part（元件）"选项组下显示该元件库中包含的元件名称，在"Libraries"（库）列表框下显示元件符号缩略图，如图2-3所示。

图2-2　"Browse File（搜索库）"对话框　　　　图2-3　显示元件库列表

（4）重复上述操作就可以把所需要的各种库文件添加到系统中，作为当前可用的库文件。这时所有加载的元件库都显示在"库"面板中，用户可以选择使用。

2. 当前项目可用的库文件

（1）选择菜单栏中的"Files（文件）"→"Open（打开）"→"Library（库）"命令，或在项目管理器窗口中"Library"文件夹上单击右键，弹出图2-4所示的快捷菜单，选择"Add File（添加文件）"命令，弹出图2-5所示的"Add File to Project Folder-Library"对话框，加载后缀名为".old"的库文件。

图2-4　右键快捷命令　　图2-5　"Add Files to Project Folder-Library"对话框

（2）选择库文件路径"X:\Cadence\Cadence _SPB_17.4-2019\tools\capture\library"，选中该路径

下的库文件，单击 打开(0) 按钮，将选中的库文件加载到项目管理器窗口"Library"文件夹中，如图2-6所示。

（3）双击库文件夹下的元件，弹出图2-7所示的元件编辑对话框。

图2-6　加载库文件

图2-7　元件编辑对话框

2.2.3　卸载元件库

卸载所需元件库的操作步骤如下：

单击"Place Part（放置元件）"面板"Libraries（库）"选项组下"Remove Library（移除库）"按钮◎，将会在下方的元件库列表中删除此选中的库文件，即将该元件库卸载。

2.2.4　新建元件库

选择菜单栏中的"Files（文件）"→"New（新建）"→"Library（库）"命令，空白元件库会被自动加入到工程中，在项目管理器窗口中"Library"文件夹中将显示新建的库文件，默认名称为"Library1"，依次递增，后缀名为".old"的库文件，如图2-8所示。

图2-8　新建元件库文件

2.3　库元件的绘制

完成库文件的创建后，下面介绍库文件中单个元件的绘制方法。

2.3.1　新建库元件

1. 选中新建的库文件"Library1"，选择菜单栏中的"Design（设计）"→"New Part（新建元件）"命令或单击鼠标右键在弹出的快捷菜单中选择"New Part（新建元件）"命令，弹出如图2-9所示的"New Part Properties（新建元件属性）"对话框。

图2-9　"New Part Properties（新建元件属性）"对话框

2．在该对话框中可以添加元件名称、索引标识、封装名称。下面简单介绍对话框中参数的含义。

（1）Name：在该文本框中输入新建元件的名称。

（2）Part Reference：在该文本框中输入元件标识符前缀，图2-9中显示为U，元件放置到原理图中显示的标识符为U1、U2等。

（3）PCB Footprint：在该文本框中输入元件封装名称，如果还没有创建对应的封装库，可以暂时忽略，以后可随时进行编辑。

（4）Multiple-part Package：在该选项组下设置含有子部件的元件的设置。

（5）Parts per：选择元件分几部分建立。若创建的元件较大，比如有些FPGA有一千多个引脚，不可能都绘制在一个图形内，必须分成多个部分绘制，与层次电路原理类似。在该框中输入8，则该元件分成8个部分。默认值为1，绘制单个独立元件。

（6）Package Type：分裂元件数据类型，包括Homogeneous（相同的）与Heterogeneous（不同的）两种选项。

（7）Part Numbering：分裂元件排列方式，分Alphabetic（按照字母）与Numeric（按照数字）两种。

（8）Pin Number Visible：勾选此复选框，元件引脚号可见。

[Part Aliases...]：单击此按钮，弹出图2-10所示的"Part Aliases（元件别名）"对话框，设置元件别名。

3．单击[OK]按钮，弹出图2-11所示的元件编辑对话框，在该界面可以进行元件的绘制。

图2-10　"Part Aliases（元件别名）"对话框

图2-11　元件编辑对话框

2.3.2　绘制库元件外形

在元件编辑界面显示的虚线框即初始图形，选中虚线框，在虚线框四角会显示夹点，拖动夹点调整图框大小，如图2-12所示，设置放置图形实体的边界线。

1．选择菜单栏中的"Place（放置）"→"Rectangle（矩形）"命令或单击"Draw Graphical"工具栏中的"Place rectangle（放置矩形）"按钮，在边界线内绘制适当大小的元件外形，如图2-13所示。

图2-12　调整虚线框　　　　　　　　　　　图2-13　绘制元件外形

2．图中的矩形框用来作为库元件的原理图符号外形，其大小应根据要绘制的库元件引脚数的多少来决定。绘制的外形框应大一些，以便于引脚的放置，引脚放置完毕后，可以再调整为合适的尺寸。

2.3.3　添加引脚

1．添加引脚主要有两种方法。

（1）逐次放置：一个一个地添加引脚，每次添加都能设定该引脚的属性。

（2）一次放置：一次添加所有引脚，再一个一个修改属性。

2．逐次放置

选择菜单栏中的"Place（放置）"→"Pin（引脚）"命令或单击"Draw Electrical（绘图）"工具栏中的"Place Pin（放置引脚）"按钮，弹出如图2-14所示的"Place Pin（放置引脚）"对话框，设置引脚属性。

图2-14　"Place Pin（放置引脚）"对话框

3．引脚属性对话框中部分属性含义如下。

（1）Name：在该文本框中输入库元件引脚的名称。

（2）Number：用于设置库元件引脚的编号，应该与实际的引脚编号相对应。

（3）Shape：设置引脚线型，在图2-15所示的下拉列表中显示类型。

（4）Type：用于设置库元件引脚的电气特性，如图2-16所示。在这里，我们选择了"Passive"（无源），表示不设置电气特性。

4．　User Properties...　：单击该按钮，弹出"User Properties（用户属性）"对话框，如图2-17所示，在该

对话框中可设置该引脚的属性。

图2-15　设置引脚外形

图2-16　显示电气特性

图2-17　"User Properties（用户属性）"对话框

5. 单击 OK 按钮，完成参数设置，光标上附有一个引脚符号，移动该引脚到矩形边框处，单击左键完成放置，继续显示引脚符号，可继续单击放置，如图2-18所示。

6. 图中显示放置的引脚名称为数字，若继续放置，则后续引脚名称与编号依次递增，绘制完后的元件CON6引脚放置如图2-19所示。

7. 由于元件CON6引脚名称不显示，因此需要将矩形框中的引脚名称设置为不可见，方法是在右侧"Property Sheet（属性表）"面板中，取消"Pin Name Visible（引脚名称可见性）"后的复选框，如图2-20所示，设置后的元件图形如图2-21所示。

图2-18　放置引脚　　图2-19　放置数字引脚　　　　图2-20　设置可见性　　　图2-21　隐藏引脚名称

> **注意**
>
> 　　某些元件的引脚名称过长，在图中叠加在一起，需要隐藏显示，也可采用此方法，如图 2-22、图 2-23 所示。

8. 若引脚名称为其他，则完成该引脚放置后，按ESC键结束操作，继续执行上述操作，设置其他引脚属性，放置其他引脚，结果如图2-24所示。

图2-22　引脚名称叠加　　　　图2-23　取消名称显示　　　　图2-24　放置不同引脚

2.3.4　编辑引脚

1. 选择菜单栏中的"Place（放置）"→"Pin Array（阵列引脚）"命令，弹出如图2-25所示的"Place Pin Array（放置阵列引脚）"对话框，设置阵列引脚属性。

2. 对话框中部分属性含义如下。

（1）Starting Name：在该文本框中输入设置库元件起始引脚的名称。

（2）Starting Number：用于设置库元件引脚的起始编号。

（3）Number of Pins：设置引脚个数。

（4）Pin Spacing：设置放置的引脚间隔距离。

（5）Shape：设置引脚线型。

（6）Type：用于设置库元件引脚的电气特性。

3. 单击 OK 按钮，此时6个引脚附着在光标上，如图2-26所示。在合适位置单击，放置阵列引脚，选择一半的引脚直接拖到实体框的左边，调整引脚位置，结果如图2-27所示。

图2-25　"Place Pin Array（放置阵列引脚）"对话框　图2-26　显示附着的阵列引脚　图2-27　调整引脚位置

4. 单击某一个引脚，打开"Property Sheet（属性表）"面板，在这里可以设置引脚的名称、编号、线形、类型等，如图2-28所示。

5. 所有引脚属性全部设定完成后如图2-29所示。这样就建好了一个库元件55453/LCC。这样，在绘制电路原理图时，只需要将该元件所在的库文件打开，就可以随时取用该元件了。

图2-28　"Pin Properties（引脚属性）"对话框　　　　　　图2-29　设置完成的元件

6．当引脚数很多时，在元件图形上选择引脚逐个编辑属性浪费时间，这里介绍统一编辑的方法。

7．首先框选所有引脚，如图2-30所示，然后选择"Edit（编辑）"→"Edit Pins（编辑引脚）"命令，弹出"Edit Pins（编辑引脚）"对话框，可以对该元件所有引脚进行一次性的编辑设置，如图2-31所示。

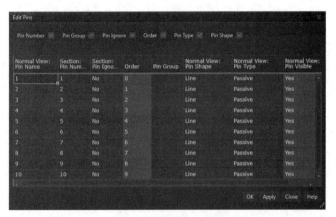

图2-30　选中所有引脚　　　　　　　　　　　　图2-31　设置所有引脚

8．在"Normal View:Pin Type（标准视图：引脚类型）"下拉列表中显示可供选择的8种类型，如图2-32所示。

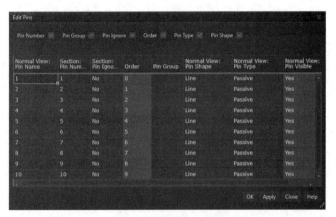

图2-32　"Edit Pins（编辑引脚）"对话框

2.3.5　绘制含有子部件的库元件

在图2-33中显示含有4个子部件的库元件，绘制的子部件细节如图2-34所示。

图2-33　4个子部件的库元件

图2-34　绘制的子部件

选中新建的库文件"Library"，选择菜单栏中的"Design（设计）"→"New Part（新建元件）"命令或单击鼠标右键在弹出的快捷菜单中选择"New Part（新建元件）"命令，弹出如图2-35所示的"New Part Properties（新建元件属性）"对话框。

图2-35 "New Part Properties（新建元件属性）"对话框

在该对话框的"Parts per"文本框中输入2，即新建包含两个部件的库元件，单击 OK 按钮，弹出如图2-36所示的元件编辑对话框，在该界面可以进行元件的绘制。

图2-36 元件编辑对话框

选择菜单栏中的"View（视图）"→"Package（部件）"命令，可以在工作界面显示整个库元件内所有部件，如图2-37所示。

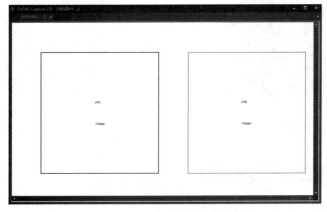

图2-37 显示所有部件

在该窗口绘制库元件，具体绘制方法与上面单个部件的元件相同，这里不再赘述。

2.4 库文件管理器

除了直接在OrCAD Capture CIS图形界面中创建元件库文件、绘制库文件外，Cadence提供了一个独立的编辑器——Library Explorer，可以用来创建和维护构建区的库，可以创建和维护库的分类元件，可以进行元件的校验，在构建区可以导入导出文件、元件和库，也可以创建库和元件。

2.4.1 库管理工具

1．执行"开始→程序→Cadence PCB 17.4-2019→Project Manager 17.4"命令，将弹出"Cadence Product Choices"对话框。

2．在"Cadence Product Choices"对话框内选择"Allegro PCB Librarian XL（PCB Librarian Expert）"选项。

3．点击 OK 按钮后，进入库管理工具界面，如图2-38所示。

4．选择菜单栏中的"File（文件）"→"Open（打开）"命令，在弹出的"Open Project（打开项目文件）"对话框中选择一个".cpm"文件，双击之后打开，原理图库管理工具的界面将刷新，如图2-39所示。

图2-38 库管理工具界面

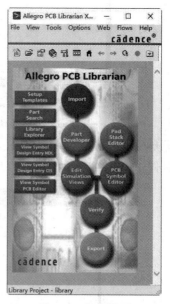

图2-39 管理界面

2.4.2 按照菜单命令创建库文件

在如图2-38所示的库管理工具界面内，选择菜单栏中的"Tools（工具）"→"Library Tools

（库工具）"→"Library Explorer（库搜索）"命令，进入"Library Explorer（库搜索）"图形界面，如图2-40所示。

图2-40　"Library Explorer（库搜索）"图形界面

2.4.3　按照向导创建库文件

1．执行"开始→程序→Cadence PCB Utilities 17.4-2019→Library Explorer 17.4"命令，弹出"Cadence Product Choices"对话框，如图2-41所示。

2．在"Cadence Product Choices"对话框内选择"Allegro PCB Librarian XL（PCB Librarian Expert）"选项。

3．单击 OK 按钮，在弹出的"Getting Started"对话框内选择"Create a new Managed Library Project（创建一个新的元件库项目）"选项，如图2-42所示。

图2-41　"Cadence Product Choices"对话框

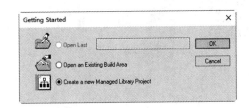

图2-42　"Getting Started"对话框

通过新建一个原理图库文件，或者通过打开一个已有的原理图库文件，都可以启动进入原理图库文件编辑环境中。

4. 在"Getting Started"对话框内选择"Create a new Manager Library Project"选项后，单击 OK 按钮，弹出"New Project Wizard-Project Name and Location"对话框，如图2-43所示。

5. 点击 下一步(N) > 按钮，将弹出"New Project Wizard- Libraries"对话框，如图2-44所示。

图2-43 "New Project Wizard-Project Name and Location"对话框

图2-44 "New Project Wizard-Libraries"对话框

（1） Add... ：单击此按钮，可以添加参考库。

（2） Import... ：单击此按钮，可以导入参考库。

（3） Remove ：单击此按钮，可以移走参考库。

6. 点击 下一步(N) > 按钮，将弹出"New Project Wizard-Summary"对话框，如图2-45所示。在此对话框内显示项目的名称和路径等内容。

7. 点击 完成 按钮，弹出"Library Explorer"对话框，如图2-46所示。提示新的库项目创建成功的信息。

图2-45 "New Project Wizard-Summary"对话框

图2-46 "Library Explorer"对话框

8．点击 [确定] 按钮，弹出库Library Explorer管理界面，一个新的库项目创建成功，如图2-47所示。

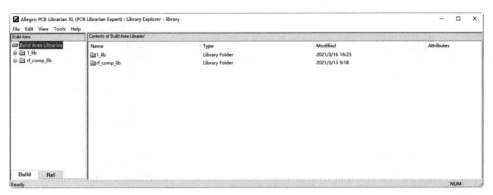

图2-47　Library Explorer管理界面

2.4.4　手动创建库文件

在Library Explorer图形界面中，选择菜单栏中的"File（文件）"→"New（新建）"→"Build Library（新建库）"命令，在左侧构建区"Build（创建）"选项卡下显示生成一个名为"new_Library"的新文件夹，如图2-48所示，根据需要修改新库的名称，创建新库，在右侧显示区显示创建的库文件的包含信息。

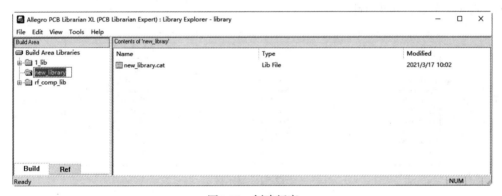

图2-48　创建新库

2.4.5　Library Explorer图形界面

Library Explorer的图形界面可分为标题栏、菜单栏、构建区、显示区和状态栏5部分。

1．标题栏

标题栏显示软件名称及所打开文件的路径及名称，如图2-49所示。

Allegro PCB Librarian XL (PCB Librarian Expert) : Library Explorer - library

图2-49　标题栏

2. 构建区

左边的构建区内又分为Build构建区（见图2-50）和Ref参考区（见图2-51）。

图2-50　Build构建区

图2-51　Ref参考区

（1）构建区主要显示cds.lib指定的库，可以在构建区对库进行创建和修改，系统会自动更新创建或重命名操作的cds.lib项目文件，通过在菜单栏中执行"View/Refresh"命令进行构建区内更新显示。在构建区内创建成功的库经过校验后可以导入参考区。

（2）参考区主要显示refcds.lib中显示的库。参考区的库都是经过校验确认的，在参考区中不能对库进行编辑修改，如果需要可以导入到构建区内进行修改编辑，确定后再导回参考区。参考区中的库是通过导入构建区的库进行添加操作的。

3. 显示区

右边的显示区显示左边库中选中的内容（见图2-52），显示区内可以显示选中库中的内容，包括名称、类型、修改日期及属性。

Contents of 'Reference Libraries'		
Name	Type	Modified
actel	Library Folder	2021/3/13 8:54
altera	Library Folder	2021/3/13 8:54
cbindex	Library Folder	2021/3/13 8:55
eesof_lib	Library Folder	2021/3/13 8:56
library_lib	Library Folder	2021/3/16 16:23
rfcomp	Library Folder	2021/3/13 9:18
rfcomp_mm	Library Folder	2021/3/13 9:20
rfcompmwo	Library Folder	2021/3/13 9:20
rfcompmwo_mm	Library Folder	2021/3/13 9:20
standard	Library Folder	2021/3/13 8:56

图2-52　显示区

4. 菜单栏

在Library Explorer的界面中，菜单栏由"File（文件）、Edit（编辑）、View（视图）、Tools（工具）、Help（帮助）"5个菜单组成，如图2-53所示。

File　Edit　View　Tools　Help

图2-53　菜单栏

2.4.6　添加元件

在左侧构建区"Build（创建）"选项卡下选中添加元件库文件，选择菜单栏中的"Files（文件）"→"New"→"Part（新建元件）"命令或单击鼠标右键，弹出如图2-54所示的快捷菜单，选择"New Part（新建元件）"命令，在选中库的文件夹下生成一个名为"new cell"的新文件夹，如

图2-55所示，可修改新建元件名称。

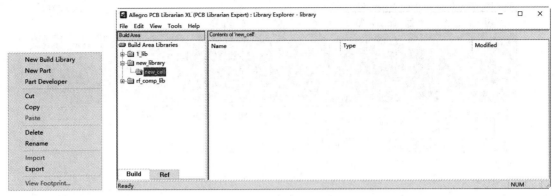

图2-54 快捷菜单 　　　　　　　　　　　　图2-55 新建元件

在左侧构建区"Build（创建）"选项卡下选中已添加的元件库文件，在右侧显示库文件详细信息，如图2-56所示。

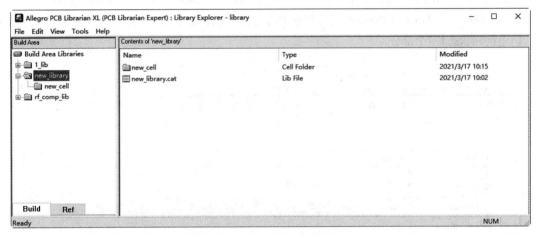

图2-56 显示元件库信息

2.5 元件库编辑器

对元件进行编辑，还需要进入一个新的图形界面——Part Developer，有别于一般的直接绘制元件外形的方法，在该编辑界面中可通过参数设置从系统调入设置参数对应的外形，下面介绍如何进行该界面下的元件设置。

2.5.1 启动元件编辑器

在Library Explorer图形界面中，选择菜单栏中的"Tools（工具）"→"Part Developer"命令，将弹出如图2-57所示Part Developer的图形界面。

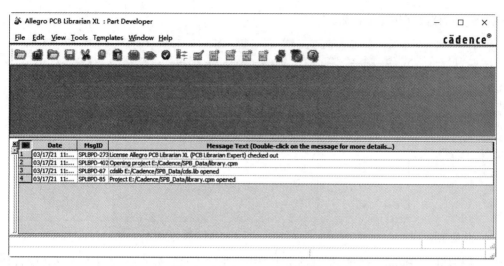

图2-57　Part Developer图形界面

Cadence提供Part Developer库开发工具供原理图库使用，Cadence的原理图库是由数据文件构成的，如图2-58所示。Part Developer的图形界面可分为标题栏、菜单栏、工具栏、项目管理器、设置区、信息区和状态栏7个部分。

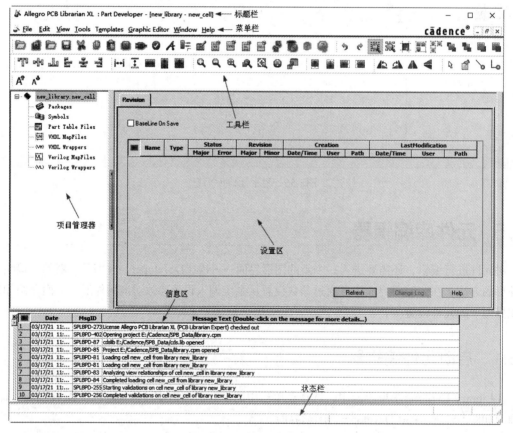

图2-58　项目管理器

2.5.2 编辑器界面

在项目管理器窗口选中元件名称，在下方信息区查看元件的日志和版本的信息，如图2-58所示。

在编辑器内设置区的表格中有以下可以设置的选项。

- Name：显示元件和视图的名称。
- Type：显示视图的类型。
- Status/Major：显示元件的一些主要状态，有"Created""Baseline""Modified"3个值。"Created"是创建新元件或新视图，"Baseline"是第一次启动元件日志或重新开始，"Modified"是修改元件时会显示此值。
- Status/Error：显示视图是否有错误。
- Revision/Major：显示元件或视图的主要版本。
- Revision/Minor：显示元件或视图的小版本。
- Creation/Date/Time：显示创建的日期和时间。
- Creation/User：显示创建的注册名。
- Creation/Path：显示库和元件名称。
- Last Modification/Date/Time：显示修改视图的日期和事件。
- Last Modification/User：显示修改者的注册名。
- Last Modification/Path：最后的修改及路径。

元件编辑器提供了7种表述元件的方式，"Packages（封装）、Symbol（符号）、Part Table Files（部件列表文件）、VHDL MapFiles（VHDL映射文件）、VHDL WrapperFiles（VHDL包装文件）、Verilog MapFiles（Verilog映射文件）、Verilog WrapperFiles（Verilog包装文件）"，在不同选项中设置元件参数。

1. "Packages（封装）"

在项目管理器窗口中单击"Packages（封装）"选项，打开封装编辑器。在封装编辑器内可以进行元件封装的创建及修改，共有"General（通用）、Package Pin（封装引脚）和Part Table（部件表）"3个选项卡，如图2-59所示。

图2-59 封装编辑器

2. "General（通用）"选项卡

选择"General（通用）"选项卡，显示如图2-59右侧所示的界面，在该选项卡内有以下组成部分。

（1）Logical & Physical Parts：逻辑和物理元件。

- 逻辑部分的主要功能是定义元件的逻辑引脚并且被映射到一个或者多个物理部分。逻辑部分的名称也可以以物理部分为后缀，在缺省的情况下逻辑部分的名称和物理部分的名称是相同的。

- 物理部分的主要作用是逻辑到物理的引脚映射和物理属性的设置。物理部分的名称可以和逻辑部分相同。

（2）Class：提供元件的类型，共有"DISCREIE"，"IO"，"IC"，"MECHANICAL" 4种类型可选择。

（3）RefDes Prefix：选择元件参考编号的前缀，有C、D、M、R、T、U、X等选项。

（4）Associated Footprints：此区域内有Jedec Type和Alt Symbols两栏，可以将元件引脚图信息与元件联系起来。可以手工指定也可以通过浏览选择，缺省的选择是来自Cadence提供的引脚图。

（5）Additional Properties：可以添加其他属性。

3. "Package Pin"选项卡

选择"Package Pin"选项卡，如图2-60所示。在该选项卡中可以输入封装的引脚信息，逻辑引脚和物理引脚都在这里输入。

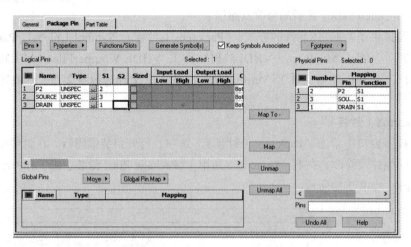

图2-60 "Package Pin"选项卡

（1）Logical Pins：显示封装的逻辑引脚信息。

（2）Properties ▶：在下拉菜单中有针对封装引脚的Add、Rename、Delete命令。

（3）Functions/Slots：弹出"Edit Functions"对话框。主要有添加封装的通道、删除封装的通道和修改通道的引脚配置的功能。

（4）Generate Symbol(s)：创建封装对应的符号。

（5）Keep Symbols Associated：选择此选项，当封装的引脚列表变更了就会同时更新符号的引脚列表，确保封装和符号的对应。

（6）Global Pins栏：显示应用于所有通道的引脚列表。

（7）Physical Pins栏：显示物理引脚号，映射的逻辑引脚和通道。

（8）Pins栏：不用通过单击的方法来选择需要的引脚，可以进行多个引脚的选择。

4. "Part Table"选项卡

选择"Part Table"选项卡，如图2-61所示，显示元件的整体属性以及排列顺序。

图2-61 "Part Table"选项卡

5. "Symbols（符号）"

在项目管理器窗口中单击"Symbols（符号）"选项，打开元件符号编辑器。在符号编辑器中可以查看完成的符号信息和符号的图形，如图2-62所示，共有"General（通用）"和"Symbol Pins（符号引脚）"两个选项卡。

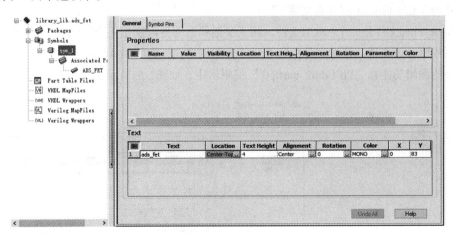

图2-62 符号编辑器

6. "General（通用）"选项卡

选择"General（通用）"选项卡，该选项卡主要描述符号的属性。

在"Properties（属性）"栏显示元件符号的属性；在"Text（文本）"栏显示所有符号中的文字。

7. "Symbol Pins（元件符号引脚）"选项卡

（1）选择"Symbol Pins"选项卡，如图2-63所示，可以输入符号引脚和确定符号的大小，还可以修改存在的引脚的信息和符号尺寸。

（2）Preserve Pin Position：勾选此复选框，符号外形改变时，引脚的位置以及引脚关联的属性和引脚文字将不会调整；不勾选，则文字动态调整，一般选择这个选项。

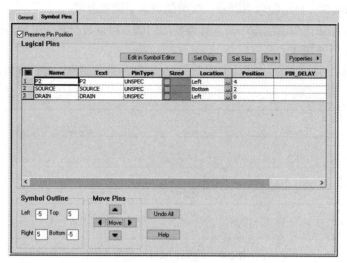

图2-63　"Symbol Pins"选项卡

（3）Logical Pins：显示所有符号引脚相关的属性。

（4）Symbol Outline栏：确定符号相对于原点的长度和宽度。

（5）Move Pins栏：单击箭头可以移动选择的引脚一次可以移动一个格。

8. "Part Table Files（零件表文件）"

Part Table Files文件是一个ASCII文件，用于灵活构造部件以满足用户不同需求。任何文本编辑器均可编写或修改该文件，注意文件内容必须符合图例格式，如图2-64所示。

该文件的编辑功能在"Ptf Editor-part.ptf"编辑器中，如图2-65所示。

图2-64　项目管理器　　　　　　　　　　图2-65　"Ptf Editor-part.ptf"编辑器

2.5.3 环境设置

在Part Developer编辑环境下，需要根据要绘制的元件符号、封装等类型对编辑器环境进行相应的设置。主要有用户面值、引脚后缀有效字符、封装属性等。

选择菜单栏中的"Tools（工具）"→"Setup（设置）"命令，将弹出如图2-66所示"Setup（设置）"对话框，在此对话框内完成元件编辑器的相关设置。

"Setup（设置）"对话框分为两部分，左边显示的是"Setup Options（设置选项）"管理列表，右边显示的是对应列表中可以设置的选项，下面分别介绍不同选项栏。

图2-66 "Setup（设置）"对话框

1. "Setup（设置）"选项栏

在左侧"Setup Options（设置选项）"管理列表中选择"Setup（设置）"选项，设置引脚名后缀的有效字符。设置低有效字符和Split元件的缺省属性。

（1）Low Assertion Character：设置后缀有效字符，可以进行低有效引脚后缀字符的设置。

- Additional Read：设置在读元件时，低电平有效引脚的后缀是带"_N"还是"*"。

- Read/Write：设置在读写元件时，确定是以带"_N"还是"*"后缀作为低电平有效引脚。

（2）Split Parts：设置Split元件。一个Split元件由多个符号代表。在组成符号和chips.prt文件中有以下专有的设置属性。

- Auto Add SWAP_INFO to Chips：勾选此复选框，将多引脚器件的逻辑部分分为几个有着相同逻辑功能的符号，符号间也可能会交换引脚。

- Use SPLIT_INST and $LOCATION：单击此单选钮，指定打包成同一个元件的符号属性$LOCATION为同一个值。

- Use SPLIT_INST_NAME选项的作用是：单击此单选钮，指定想要打包成同一个元件的符号属性Use SPLIT_INST_NAME为同一个值。

2. "Package（封装）"选项栏

在左侧"Setup Options（设置选项）"管理列表中选择"Package（封装）"，如图2-67所示，设置元件封装，可以进行如下设置。

（1）Class：集，在该下拉列表中选择元件类型，有IC、IO和DISCRETE3个选项。

图2-67 设置封装

（2）RefDes Prefix：在该下拉列表中设置封装的参考编号的前缀。

（3）Additional Package Properties：输入其他的封装属性。可以在"Name（名称）"菜单下选择提供的属性，也可以根据需要添加其他的属性。

3. "Package Pins（封装引脚）"选项栏

在左侧"Setup Options（设置选项）"管理列表中选择Package Pins（封装引脚），设置缺省封装引脚属性，如图2-68所示。

点击 Edit Properties ▶ 按钮，弹出包含Add（添加）、Rename（重命名）、Delete（删除）这3个命令选项的菜单，执行这些命令，可以完成添加、重命名、删除属性的操作。

图2-68　设置缺省封装引脚属性

4. "Symbol（符号）"选项栏

在左侧"Setup Options（设置选项）"管理列表中选择"Symbol（符号）"选项，如图2-69所示。在对话框中可以创建符号并设置符号的缺省值。具体设置内容如下。

（1）System Unit：设置符号的测量单位。

（2）Sheet Size：设置原理图图框大小。如果符号超出图框的范围会出现错误报告。

（3）Pin grid size：设置格点大小。在添加符号引脚的时候，只能将符号引脚放在格点上。

图2-69　设置符号属性

（4）Non-pin grid factor：设置非引脚格点。

（5）Minimum Size：设置符号的最小高度和宽度。

（6）Symbol Outline：设置符号外行线的宽度。

（7）Auto Expand Bus：设置向量引脚。

（8）Text Attributes：设置符号中文字的高度、颜色、角度。

（9）Default Property Height：设置符号中属性和属性值的高度。

（10）Symbol Properties：设置系统属性。

5. "Symbol Pins（符号引脚）"选项栏

在左侧"Setup Options（设置选项）"管理列表中选择"Symbol Pins（符号引脚）"选项，可以进行引脚文字及引脚属性的设置，如图2-70所示。

（1）Pin Name Height：设置引脚名称的高度。

（2）Pin Text区域内的设置如下：Use Pin Name as Pin Text选项用于设置是否用引脚名称作为引脚显示的文字；Vector（矢量）Bit Mask选项用于设置向量引脚的引脚文字；Pin Text Height选项用于设置引脚文字的高度；Pin Text Color选项用于设置引脚文字的颜色。

（3）Pin Attributes区域设置如下：Show Dot As Filled选项用于设置符号引脚上的圆点是填充的还是空的；Minimum Pin Spacing选项用于设置最小引脚间距；Low Assert Shape选项用于设置低有效引脚的形状；Stub Length选项用于设置符号引脚的长度。

（4）Pin Name Format for Bus：设置引脚的显示格式。

（5）在该选项栏下选择Properties选项，在如图2-71所示的界面内可以进行符号引脚的属性和不同类型引脚位置的设置。

图2-70　设置符号引脚的缺省值

图2-71　设置符号引脚的属性

（6）Symbol Pin Properties：设置引脚的属性、属性值和显示属性。

（7）Pin Location：设置不同的引脚类型在符号中的显示位置。

6. "PTF" 选项栏

在左侧"Setup Options（设置选项）"管理列表中选择"PTF"选项，如图2-72所示，进行缺省的元件列表文件属性的设置。

（1）Name：设置属性名称。

（2）Value：设置属性值。

（3）Context：该选项内有"Key、Injected、Global、Key and Injected"4个不同的选项，根据需要进行选择。

7. "Shape（形状）"选项栏

在左侧"Setup Options（设置选项）"管理列表中选择"Shape（形状）"选项，在如图2-73所示界面内可以进行元件形状的设置。

图2-72　设置元件列表

图2-73　设置元件形状

8. "Fonts（字体）"选项栏

在左侧"Setup Options（设置选项）"管理列表中选择"Fonts（字体）"选项，在如图2-74所示界面内可以进行元件字体的设置。

图2-74　设置元件字体

2.6　库元件的创建

元件编辑器建立元件只需按每一个选项中的内容提示设置相应的参数，而且每一个数据产生的结果在窗口右边的阅览框中都可以看到实时变化。本节主要讲解新元件的建立、封装的建立以及引脚的添加。

2.6.1　新建元件

图2-75　快捷菜单

1．在左侧项目管理器中选择Packages选项，单击鼠标右键，在弹出的如图2-75所示的菜单中选择"New（新建）"命令，将产生一个新的封装，如图2-76所示。

图2-76　新建封装

2．选择"General"选项卡，在"Logical & Physical Parts"栏内可以看出，元件包含逻辑和物理部分。在"Additional Properties"栏内将显示封装的属性，如图2-77所示。

3．在"General"选项卡内的树结构中选择"Physical Parts（Pack Types）"选项，点击鼠标右键，在弹出的菜单中选择"New（新建）"命令，在弹出的"Add Physical Part"对话框内的"Pack Type"栏中输入"dip"，如图2-78所示。

4．在"Add Physical Part"对话框内点击 ▢ OK ▢ 按钮，在"Logical & Physical Parts"的树形图中看到新建的封装"_DIP"已经完成，如图2-79所示。

图2-77 封装属性

图2-78 "Add Physical Part"对话框

图2-79 新建的_DIP封装

2.6.2 复制元件

在项目管理器中选择"sym_1",单击鼠标右键,在弹出的菜单中选择"Copy"命令,然后选中"Symbols",在上面单击鼠标右键选择"Paste"命令,创建符号sym_2,如图2-80所示。

图2-80 复制元件

2.6.3 添加元件引脚

引脚是元件的基本组成部分，是元件进行功能实现的关键。引脚的正确分配对元件的性能起着至关重要的作用。

1. 引脚设置

（1）在如图2-81所示界面内选择"Package Pin"选项卡。

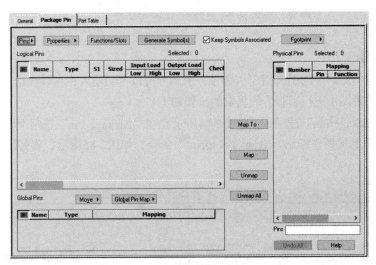

图2-81 "Package Pin"选项卡

（2）在"Package Pin"选项卡中，点击 Pins▶ 按钮，在弹出的菜单中选择"Add（添加）"命令，将弹出"Add Pin（添加引脚）"对话框，如图2-82所示。

1）"Add New Pins（添加新引脚）"区域

● "Vector（矢量）"选项

在"Base Name（基极名称）"文本框内输入引脚名称；在"MSB（平均速度）"文本框内输入数值；在"LSB（最低有效值）"文本框内输入0；在"Type（类型）"下拉列表中选择引脚电气特性。

● "Scalar（标量）"选项

在"Prefix（前缀）"文本框内输入引脚名称，在"Suffix（后缀）"栏输入"*"，在"Type（类型）"下拉列表中选择引脚电气特性。

不论是标量或矢量引脚，均可采用集体输入的方式。

图2-82 "Add Pin（添加引脚）"对话框

2）引脚显示区域

在该区域以列表的形式显示引脚添加结果，如图2-83所示。

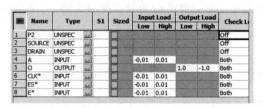

图2-83　添加后的引脚信息

2. 指定引脚图

指定引脚图是指给对应的引脚指定引脚号，引脚号可以手动输入也可以在指定PCB引脚图中进行提取。从指定引脚图中进行引脚号的提取的步骤如下。

（1）选择"Package Pin"选项卡，如图2-84所示。在"Package Pin"选项卡内点击 Footprint ▶ 按钮，在弹出的菜单上选择"Extract from Footprint"命令，如图2-85所示，将弹出"pdv"对话框，如图2-86所示。

图2-84　"Package Pin"选项卡

图2-85　选择"Extract from Footprint"命令

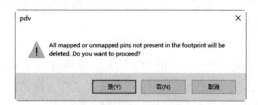

图2-86　"pdv"对话框

（2）在弹出的"pdv"对话框中点击 是(Y) 按钮，"Physical Pins"栏将显示提取的引脚号，如图2-87所示。点击 **Number** 可以进行引脚的排序，可倒序排列或顺序排列。

3. 处理电源引脚

通常情况下电源引脚不要求显示在符号中，可以将电源引脚从Logical Pins栏移到Global Pins栏内。具体操作过程如下。

（1）选择"Package Pin"选项卡，点击"Logical Pins"栏的Type标题，按照类型进行引脚排序，如图2-88所示。

（2）选择类型为"POWER"的引脚，点击 Move▸ 按钮，在弹出的菜单中选择"Logical Pins to Global"命令，将引脚移到"Global Pins"栏；再选择类型为"GROUND"的引脚，点击 Move▸ 按钮，在弹出的菜单中选择"Logical Pins to Global"命令，将引脚移到"Global Pins"栏，如图2-89所示。

图2-87　"Physical Pins"栏显示　　　　图2-88　引脚类排序

图2-89　转移引脚到"Global Pins"栏

4. 映射引脚

逻辑引脚映射需要先选择逻辑引脚，再选择封装引脚，然后点击映射按钮；全局引脚的映射需要先选择全局引脚，再选择对应的封装引脚。引脚映射的具体操作如下。

选择"Package Pin"选项卡，点击"Logical Pins"栏的"A<0>"行"S1"列对应的表格，然后在"Package Pin"栏的Number列，选择"9"，单击 Map To· 按钮。用同样的方法将"A<1>"到"A<8>"的引脚全部映射，如图2-90所示。

5. 隐藏引脚

分别在"Logical Pins"栏和"Physical Pins"栏中点击右键，在弹出菜单中，选择"Hide Mapped Pins"命令，隐藏所有映射完成的引脚。

图2-90 "A<1>"到"A<8>"的引脚映射

2.6.4 创建元件轮廓

创建符号可以在符号编辑器中进行，也可以在封装中进行。在这里讲解一下如何在封装中进行符号的创建。具体操作过程如下。

1. 选择"Package Pin"选项卡，在"Physical Pins"栏中，点击 Generate Symbol(s) 按钮，将弹出"Generate Symbol(s) for Package"对话框，如图2-91所示。

2. 设置好后，点击 OK 按钮，系统会自动创建原理图符号，在元件属性的Symbol节点下会产生新的节点。

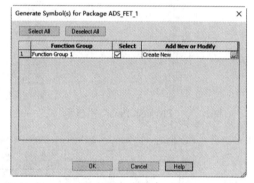

图2-91 "Generate Symbol(s) for Package"对话框

3. 在"Symbol Pins"选项卡内，在"Name"栏中选中选项后，单击"Move Pins"栏的 ▲、▼、◀、▶按钮，移动引脚的位置。点击 Move 按钮，将弹出"Move Pins（移动引脚）"对话框，如图2-92所示，在此对话框内可以进行引脚移动方向、距离设置。将各引脚移动到合适的位置，如图2-93所示。

4. 选择菜单栏中的"File（文件）"→"Save（保存）"命令，保存设置。

图2-92 "Move Pins（移动引脚）"对话框

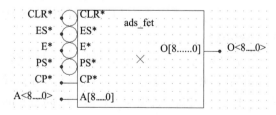

图2-93 调整引脚位置

2.6.5 编译库元件

为了检查元件绘制是否正确，在元件编辑器设计系统中提供了与PCB设计中一样的校验功能。

在菜单栏内执行"Tool（工具）"→"Verify（验证）"命令，在弹出的"Verification（验证）"对话框内点击 Verify 可以进行校验设置，如图2-94所示。

图2-94 "Verification（验证）"对话框

2.6.6 查找元件

1. 选择"General"选项卡，点击"Associated Footprints"栏中Jedec Type右边的按钮 ... ，将弹出如图2-95所示"Browse Jedec Type"对话框。此对话框显示了所有的元件，可以通过过滤功能进行具体元件的查找。

2. 鼠标右键点击"Browse Jedec Type"对话框中Name列表内的任意一项，在弹出的菜单中选择"Filter Rows"命令，将弹出如图2-96所示"Filter Rows"对话框。

3. 在文本框中输入所要查找元件的类型，如输入"CAP*"，点击 OK 按钮，则"Browse Jedec Type"对话框中就会只显示双列直插封装的元件，如图2-97所示。在刷新的"Browse Jedec Type"对话框列表中选择想要的元件，如CAP196，点击 OK 按钮即可。

图2-95 "Browse Jedec Type"对话框

图2-96 "Filter Rows"对话框

图2-97 只显示dip元件

2.7 操作实例

扫码看视频

通过前面章节的学习，用户对Cadence原理图库编辑环境、编辑器的使用有了初步的了解，本节通过简单元件的绘制解说如何使用原理图库编辑器来完成电路的设计工作。

1. 执行"开始"→"程序"→"Cadence PCB 17.4-2019"→"Project Manager 17.4"命令，弹出"Cadence Product Choices"对话框，选择"Allegro PCB Librarian XL（PCB Librarian Export）"选项，如图2-98所示。

2. 单击 OK 按钮，打开库管理器界面，如图2-99

图2-98 "Cadence Product Choices"对话框

所示，单击"Create Library Project"按钮，弹出图2-100所示的向导界面。

图2-99　库管理器界面

图2-100　库向导界面

3．单击按钮，弹出如图2-101所示的文件设置对话框，在该对话框中输入库文件名称，单击 ─ 按钮，在弹出的对话框中选择文件路径。

4．点击 下一步(N)▶ 按钮，将弹出"New Project Wizard-Libraries"对话框，按住"Shift"键，选中所有库模板，如图2-102所示。

图2-101　文件设置对话框

图2-102　"New Project Wizard-Libraries"对话框

5．点击 下一步(N)▶ 按钮，弹出"New Project Wizard-Summary"对话框，如图2-103所示。在此对话框内显示项目的名称和路径等内容。

6．点击 完成 按钮，弹出"Project Manager"对话框，提示新的库项目创建成功的信息。

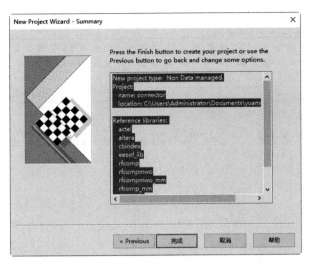

图2-103 "New Project Wizard-Summary"对话框

7. 点击 确定 按钮，在库管理界面创建一个新的库项目，如图2-104所示。在该界面显示元件库操作。

8. 单击"Part Developer"按钮，进入原理图库编辑界面。

9. 选择菜单栏中的"File"→"New"→"Cell"命令，或单击"Cell（元件）"工具栏中的"New Cell（新建元件）"按钮 ，弹出如图2-105所示"New Cell（新建元件）"对话框。

图2-104 库管理器界面

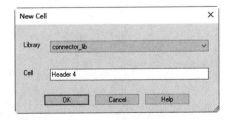

图2-105 "New Cell（新建元件）"对话框

10. 在"Cell"文本栏处输入元件库的名称，用元件型号命名，单击 OK 按钮，进入Part Developer的图形界面，如图2-106所示。

11. 在左侧项目管理器中选择"Symbols"选项，单击鼠标右键，在弹出的菜单中选择"New（新建）"命令，新建元件符号，如图2-107所示。

图2-106　Part Developer的图形界面

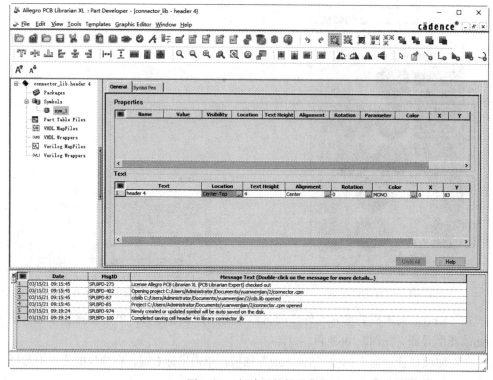

图2-107　新建元件符号

12．选择"Symbol Pins"选项卡，单击 Pins▸ 按钮，弹出如图2-108所示的快捷菜单，选择"Add（添加）"命令，弹出如图2-109所示的"Add Pin"对话框。

图2-108　快捷菜单

图2-109　"Add Pin"对话框

13．在"Add New Pins（添加新引脚）"区域内选择"Scalar（标量）"选项；在"Prefix（前缀）"文本框内输入1；在"Type（类型）"下拉列表中选择"UNSPEC"选项，在"Location（位置）"下拉列表中选择"Left"选项，如图2-110所示。然后点击 Add 按钮，添加引脚。

14．在"Prefix（前缀）"文本框内输入"2""3""4"，其他设置不变，点击 Add 按钮。添加引脚如图2-111所示。

图2-110　设置引脚1

图2-111　添加完引脚

15. 单击 OK 按钮，退出对话框，在"Symbol Pins"选项卡中的"Logical Pins"区域内查看已添加的引脚信息和"Add Pin（添加引脚）"对话框内显示的内容完全相同，如图2-112所示。

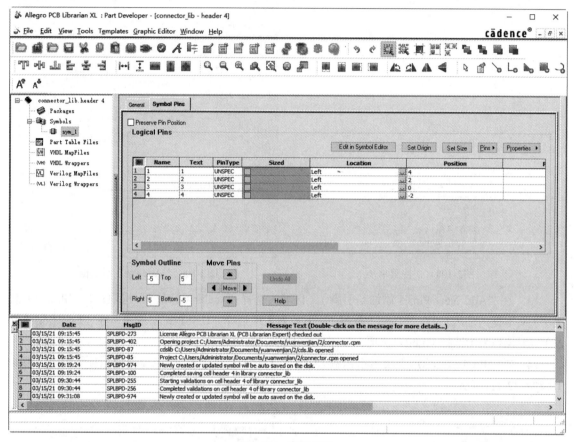

图2-112　引脚信息

16. 选择菜单栏中的"File"→"Save"命令，保存创建元件符号，在左侧项目管理器中"sym_1"下显示"Associated Packages"，如图2-113所示。

17. 鼠标右键单击"sym_1"下的"Associated Packages"选项，弹出如图2-114所示的快捷菜单，选择"Generate Package"命令，显示如图2-115所示界面。

图2-113　项目管理器显示

图2-114　快捷菜单

图2-115　生成元件

18．选择"Package Pin"选项卡，界面如图2-116所示。

图2-116　"Package Pin"选项卡

19．单击"Function/Slots"按钮，弹出"Edit Functions"对话框，显示默认有1个通道，如图2-117所示。

20．单击"Add"按钮，弹出如图2-118的"Specify the number of slots"对话框，在"Slot Count"文本框中显示了添加通道的个数，单击 OK 按钮，完成添加。

21．返回"Edit Functions"对话框，显示添加的通道S2，如图2-119所示，单击 OK 按钮，退出对话框。

图2-117 "Edit Functions"对话框　　图2-118 "Specify the number of slots"对话框　　图2-119 "Edit Functions"对话框

22．依次在"Logical Pins"栏的"S1"列对应的表格从1开始排序，同时在对应"Physical Pins"栏的"Number"列显示排序后的引脚，如图2-120所示，完成映射。

图2-120　映射引脚

23．选择菜单栏中的"File（文件）"→"Save（保存）"命令，保存绘制结果。

第 **3** 章

原理图基础

Cadence 设计原理图工作平台有两种，分别为 Design Entry CIS、Design Entry HDL，本章以 Capture 界面为依托，主要介绍原理图的一些基础知识，包括原理图的组成和原理图编辑器的界面等。

- ✦ 原理图功能简介
- ✦ 项目管理器
- ✦ 创建原理图
- ✦ 电路原理图的设计步骤

3.1 原理图功能简介

按照功能的不同将原理图设计划分为5个部分，分别是项目管理模块、元件编辑模块、电路图绘制模块、元件信息模块和后处理模块，功能关系如图3-1所示。

图3-1 电路图功能模块关系

下面详细介绍各模块功能。

1. 项目管理模块（Project Manager）

项目管理模块是整个软件的导航模块，负责管理电路设计项目中的各种资源及文件，协调处理电路图与其他软件的接口和数据交换。

2. 元件编辑模块（Part Editor）

软件自带的软件包提供了大量的不同元件符号的元件库，用户在绘制电路图的过程中可以直接调用，非常方便。同时软件包还包含了元件编辑模块，可以对元件库中的内容进行修改，删除或添加新的元件符号。

3. 电路图绘制模块（Page Editor）

在电路图中绘制模块还可以进行各种电路图的绘制工作。

4. 元件信息模块（Component Information System）

元件信息模块可以对元件和库进行高效的管理。通过互联网元件助理可以在互联网上从指定网站提供的元件数据库中查询更多的元件，根据需要添加到自己的电路设计中，也可以保存到软件包的元件库中，以备在后期设计中可以直接调用。

5. 电路设计的后期处理（Processing Tools）

软件提供了一些后处理工具，可以对编辑好的电路原理图进行元件自动编号、设计规则检查、输出统计报告及生成网络报表文件等操作。

3.2 项目管理器

OrCAD Capture CIS为用户提供了一个十分友好且易用的设计环境，它打破了传统的EDA设计模式，采用了以工程为中心的设计环境。项目管理器独立于原理图编辑环境，可进行一些基本的操作，包括新建文件、打开已有文件、保存文件、删除文件。

1. 保存

选择菜单栏中的"File（文件）"→"Save（保存）"命令或单击"Capture"工具栏中的"Save document（保存文件）"按钮■，直接保存当前文件。

2. 另存为

选择菜单栏中的"File（文件）"→"Save As（另存为）"命令，弹出如图3-2所示的"Save As（另存为）"对话框，读者可以更改设计项目的名称、所保存的文件路径等，执行此命令一般至少需要修改路径或名称中的一种，否则直接选择保存命令即可。完成修改后，单击"保存"按钮，完成文件另存。

3. 将工程另存为

此命令只能在项目管理器界面下进行操作，工作区界面中此命令为灰色，无法进行操作。

（1）选择菜单栏中的"File（文件）"→"Save Project As（将工程另存为）"命令，弹出如图3-3所示的"Save Project As（将工程另存为）"对话框。

图3-2　"Save As（另存为）"对话框　　　　图3-3　"Save Project As（将工程另存为）"对话框

（2）在"Destination Directory（最终目录）"文本框下单击■按钮，弹出如图3-4所示的"Select Folder（选择文件夹）"对话框，选择路径，单击 选择文件夹 按钮，返回"Save Project As（将工程另存为）"对话框。在"Project Name（工程名称）"文本框中输入工程名称。

图3-4　"Select Folder（选择文件夹）"对话框

在"Settings（设置）"选项下的部分选项含义如下。

- Copy DSN to Project Folder：将数据集保存到工程文件夹。
- Copy All Referred Files Present Within Project Folder：将所有相关文件均保存在工程文件夹中。
- Copy All Referred Files Present Out of Project Folder：将所有相关文件保存在工程文件夹外。

单击 OK 按钮，完成保存设置。

4. 原理图文件重命名

在工程管理器中选择要重命名的原理图文件，选择菜单栏中的"Design（设计）"→"Rename（重命名）"命令或单击右键选择"Rename（重命名）"命令，弹出"Rename Schematic（原理图重命名）"对话框，如图3-5所示，输入新原理图文件的名称。

5. 原理图页重命名

在工程管理器中选择要重命名的图页文件，选择菜单栏中的"Design（设计）"→"Rename（重命名）"命令或单击右键选择"Rename（重命名）"命令，弹出"Rename Page（图页重命名）"对话框，如图3-6所示，输入新图页名称。

图3-5 "Rename Schematic（原理图重命名）"对话框　　图3-6 "Rename Page（图页重命名）"对话框

不论原理图是否打开，重命名操作都会立即生效。

6. 其他文件重命名

工程文件.opj只能用另存文件的方式进行重命名，设计文件.dsn同样适用另存为的方式重命名文件，这样才能和工程文件保持联系，否则工程文件就找不到数据库了。

3.3 原理图分类

在进行电路原理图设计时，鉴于某些图纸过于复杂，无法在一张图纸上完成，于是衍生出两种电路设计方法（平坦式电路、层次式电路）来解决这个问题。

原理图设计分类：

- 进行简单的电路原理图设计（由单张图纸构成的）；
- 平坦式电路原理图设计（由多张图纸拼接而成的）；
- 层次式电路原理图设计（多张图纸按一定层次关系构成的）。

平坦式电路中各图页间是左右关系、层次式电路各图页间是上下关系。

按照功能分，原理图又可分为一般电路与仿真电路。

3.3.1 平坦式电路

平坦式电路是相互平行的电路，在空间结构上是在同一个层次上的电路，只是分布在不同的电路图纸上，每张图纸通过页间连接符连接起来。

平坦式电路表示不同图页间的电路连接，每张图页上均有页间连接符显示，不同图页依靠相同名称的页间连接符进行电气连接。如果图纸够大，平坦式电路也可以绘制在同一张电路图上，但电路图结构过于复杂，不易理解，在绘制过程中也容易出错。采用平坦式电路虽然不在一张图页上，但相当于在同一个电路图的文件夹中。

Flat Design即平坦式设计，在电路规模较大时，将图纸按功能分成几部分，每部分绘制在一页图纸上，每张电路图之间的信号连接关系用"Off-Page Connector（页间连接符）"表示。

Capture中平坦式电路结构的特点：

1. 每页电路图上都有"Off-Page Connector（页间连接器）"，表示不同页面电路间的连接。不同电路上相同名称的"Off-Page Connector（页间连接器）"在电学上是相连的；

2. 平坦式电路之间不同页面都属于同一层次，相当于在1个电路图文件夹中。如图3-7所示，3张电路图都位于1个文件夹下。

图3-7　平坦式电路图结构

3.3.2　层次电路

层次电路是在空间结构上属于不同层次的，一般是先在一张图纸上用方框图的形式设置顶层电路，在另外的图纸上设计每个方框图所代表的子原理图。

如果电路规模过大，使得幅面最大的页面图纸也容纳不下整个电路设计，就必须采用特殊设计的平坦式或层次式电路结构。但是在以下几种情况下，即使电路的规模不是很大，完全可以放置在一页图纸上，也往往采用平坦式或层次式电路结构。

1. 将一个复杂的电路设计分为几个部分，分配给几个工程技术人员同时进行设计。

2. 按功能将电路设计分成几个部分，让具有不同特长的设计人员负责不同部分的设计。

3. 采用的打印输出设备不支持幅面过大的电路图页面。

4. 目前自上而下的设计策略已成为电路和系统设计的主流，这种设计策略与层次式电路结构一致，因此相对复杂的电路和系统设计，大多采用层次式结构，使用平坦式电路结构的情况已相对减少。

对于层次式电路结构，先在一张图纸上用框图的形式设计总体结构，然后在另外一张图纸上设计每个子电路框图代表的结构。在实际设计中，下一层次电路还可以包含有子电路框图，按层次关系将子电路框图逐级细分，直到最后一层完全为某一个子电路的具体电路图，不再含有子电路框图。

层次式电路图的基本结构如图3-8所示。

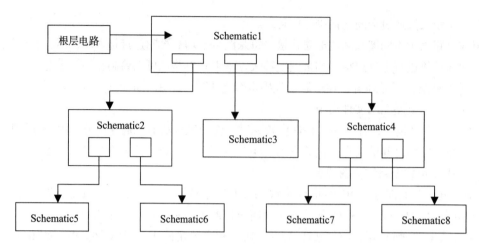

图3-8　层次式电路的基本结构图

在图3-8中，每个区域就是已给电路图系（标志为Schematic而不是Page），每个区域相当于一个数据夹，其中可以只放一张电路图，也可以是几张电路图所拼接而成的平坦式电路图。

3.3.3　仿真电路

与普通原理图相比，仿真原理图有以下几点要求。

1．调用的器件必须有PSpice模型，软件本身提供的模型库，库文件存储的路径为"X:Capture\Library\pspice"，所有器件都有提供PSpice模型，可以直接调用。

2．使用自行创建的器件，必须保证"*.olb""*.lib"两个文件同时存在，而且器件属性中必须包含PSpice Template属性。

3．原理图中至少必须有一条网络名称为0，即接地。

4．必须有激励源，原理图中的端口符号并不具有电源特性，所有的激励源都存储在Source和SourceTM库中。

5．电源两端不允许短路，不允许仅由电源和电感组成回路，也不允许仅由电源和电容组成的割集。在简单回路中可电容并联一个大电阻，电感串联一个小电阻。

6．最好不要使用负值电阻、电容和电感，因为他们容易引起不收敛。

3.4　创建原理图

不同的原理图类型采用不同的创建方法，下面简单介绍原理图的不同创建方法。

3.4.1　创建平坦式电路

Capture的Project是用来管理相关文件及属性的。新建Project的同时，Capture会自动创建相关的文件，如DSN、OPJ文件等，根据创建的Project类型的不同，生成的文件也不尽相同。

1．新建工程文件

选择菜单栏中的"File（文件）"→"New（新建）"→"Project（工程）"命令，弹出如图3-9所示的"New Project（新建工程）"对话框。

图3-9　"New Project（新建工程）"对话框

（1）Name：名称。输入工程文件名称。

（2）Location：路径。单击右侧的■按钮，选择文件路径。

完成设置后，单击 OK 按钮，进入原理图编辑环境。

2．新建原理图文件

（1）在一个工程文件下可以有多个"Schematic（电路图）"，每个电路包下也可以有多张电路图页，如PAGE2、PAGE3，但是这些电路图必须是关联的。

因为对电路仿真是针对整个Schematic1或者Schematic2进行的，而不是只针对单个PAGE1或者PAGE2的，所以对Shematic1进行仿真，则Schematic1目录下的Page全部进行仿真分析。

（2）在如图3-10所示的项目管理器中选中工程名称，选择菜单栏中的"Design（设计）"→"New Schematic（新建原理图）"命令，或单击鼠标右键，弹出如图3-11所示的快捷菜单。

图3-10　项目管理器

图3-11　快捷菜单

（3）选择"New Schematic（新建电路图）"命令，弹出"New Schematic（新建电路图）"对

话框，在"Name（名称）"文本框内输入电路
图包名称，默认名称为SCHEMATIC2，如图3-12
所示。

（4）单击 OK 按钮，完成电路图添加，
如图3-13所示。

图3-12 "New Schematic（新建电路图）"对话框

3. 新建原理图页文件

（1）在如图3-14所示的项目管理器中选中原理图名称，选择菜单栏中的"Design（设计）"→"New Schematic Page（新建原理图图页）"命令，或单击鼠标右键，弹出如图3-15所示的快捷菜单。

图3-13 新建电路图文件

图3-14 项目管理器

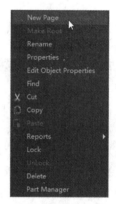

图3-15 快捷菜单

（2）选择"New Page（新建图页）"命令，弹出"New Page in Schematic（在电路图中新建图页）"对话框，在"Name（名称）"文本框内输入电路图包名称，默认名称为PAGE2，如图3-16所示。

（3）单击 OK 按钮，完成图页添加，用同样的方法继续添加图页文件，结果如图3-17所示。

图3-16 "New Page in Schematic（在电路图中新建图页）"对话框

图3-17 新建图页文件

3.4.2　创建层次电路

1. 生成下层电路图

（1）选中图3-18所示的层次块，单击鼠标右键，弹出快捷菜单，如图3-19所示，选择"Descend Hierarchy（生成下层电路图）"命令，弹出如图3-20所示对话框，在弹出的对话框中可以修改创建电路图文件夹的名称，在"Name（名称）"栏输入"AD"。

图3-18　在原理图中选择层次块　　　　图3-19　层次块菜单　　　　图3-20　修改下层电路图名称

（2）单击 ⬛ OK ⬛ 按钮，系统会自动创建一个电路图文件夹，这样层次块对应的下层电路就创建完成了，弹出的下层电路如图3-21所示。

（3）同时，系统在项目管理器中自动创建了一个新的原理图文件夹AD.SCH，在该文件夹下显示创建的子原理图AD，如图3-22所示。

按照一般绘图的方法绘制子原理图，然后用同样的方法绘制其余模块。这样，就完成了自上而下层次电路的设计。

图3-21　AD层次块对应的下层电路

图3-22　项目管理器窗口

2. 生成图表符元件

（1）首先绘制完成需要转换模块的子原理图，打开项目管理器窗口，选择菜单栏中的"Tools（工具）"→"Generate Part（生成图表符元件）"命令，弹出如图3-23所示的"Generate Part（生成图表符元件）"对话框，设置要生成的层次块元件参数。

（2）单击"Netlist/source（资源）"选项右侧的 Browse 按钮，选择当前项目文件，在"Part name（元件名称）"文本框输入层次块名称，其余选项选择默认，单击 OK 按钮，弹出如图3-24所示的对话框，设置层次块元件的引脚信息。

单击 Save 按钮，关闭对话框，完成子原理图到层次块的转换。

图3-23　"Generate Part（生成图表符元件）"对话框

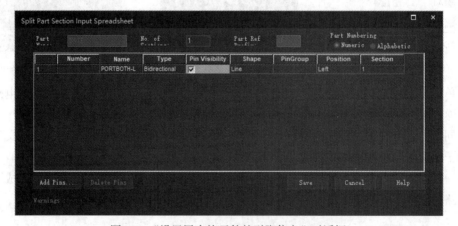

图3-24　"设置层次块元件的引脚信息"对话框

（3）在"Place Part（放置元件）"面板→"Library（库）"选项组下显示系统自动加载的转换的层次块元件DATE，并保存在与当前项目文件名称同名的元件库中，如图3-25所示。

（4）将该层次块放置到原理图中，结果如图3-26所示。

图3-25 "Place Part（放置元件）"面板

图3-26 放置层次块元件

3.4.3 创建仿真电路

1．选择菜单栏中的"File（文件）"→"New（新建）"→"Project（工程）"命令，弹出如图3-27所示的"New Project（新建工程）"对话框。

图3-27 "New Project（新建工程）"对话框

2．在"Name（名称）"栏输入工程文件名称，原理图的名称，一般全部由小写字母及数字组成，不加其他符号，如schematic1。单击"Location（路径）"右侧的▒按钮，选择文件路径，最后勾选"Enable PSpice Simu"复选框。

3．完成设置后，单击▒ OK ▒按钮，弹出"Create PSpice Project（创建仿真工程文件）"对话框，如图3-28所示，显示"Create based upon an existing project（基于已有的设计创建工程文件）"与"Create a blank project（创建空白工程文件）"选项，默认选择第一项。

4．单击▒ OK ▒按钮，弹出"17.4 Simulation Manager Product Choices（仿真产品选择）"对话框，如图3-29所示，显示多种已存在的设计，选择"PSpice A/D"选项，进入仿真原理图编辑环境，如图3-30所示。

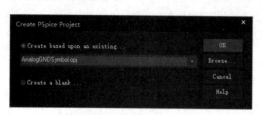

图3-28 "Create PSpice Project
（创建仿真工程文件）"对话框

图3-29 "17.4 Simulation Manager Product Choices
（仿真产品选择）"对话框

图3-30　仿真编辑环境

5．原理图的具体绘制方法已经在Capture中详细讲解，这里不再赘述。图3-31为绘制完成的仿真电路。

图3-31　仿真电路

3.4.4　原理图基本操作

缩放是OrCAD Capture CIS最常用的图形显示工具，利用它用户可以方便地查看图形纸的细节和不同位置的局部图纸。

选择菜单栏中的"View（视图）"→"Zoom（缩放）"命令，在下拉菜单中显示窗口缩放命令，如图3-32所示。

图3-32　"Zoom（缩放）"菜单

3.5　电路原理图的设计步骤

电路原理图的设计大致可以分为创建工程、设置工作环境、放置元器件、原理图布线、建立网络报表、原理图的电气规则检查、修改和调整等几个步骤，其流程如图3-33所示。

图3-33　原理图设计流程图

电路原理图具体设计步骤如下。

1. 新建原理图文件

在进入电路图设计系统之前，首先要创建新的工程，在工程中建立原理图文件。

2. 设置工作环境

根据实际电路的复杂程度来设置图纸的大小。在电路设计的整个过程中，图纸的大小都可以不断地调整，设置合适的图纸大小是完成原理图设计的第一步。

3. 放置元器件

从元器件库中选取元器件，放置到图纸的合适位置，并对元器件的名称、封装进行定义和设定，根据元器件之间的连线等联系对元器件在工作平面上的位置进行调整和修改，使原理图美观且易懂。

4. 原理图的布线

根据实际电路的需要，利用原理图提供的各种工具、指令进行布线，将工作平面上的元器件用具有电气意义的导线、符号连接起来，构成一幅完整的电路原理图。

5. 建立网络报表

完成上面的步骤以后，可以看到一张完整的电路原理图了，但是要完成电路板的设计，还需要生成一个网络报表文件。网络报表是印制电路板和电路原理图之间的桥梁。

6. 原理图的电气规则检查

当完成原理图布线后，需要设置项目编译选项来编译当前项目，利用软件提供的错误检查报告修改原理图。

7. 编译和调整

如果原理图已通过电气检查，那么原理图的设计就完成了。这是对于一般电路设计而言，但是对于较大的项目，通常需要对电路多次修改才能够通过电气规则检查。

8. 存盘和报表输出

软件提供了利用各种报表工具生成的报表（如网络报表、元器件报表清单等），同时可以对设计好的原理图和各种报表进行存盘和输出打印，为印制电路板的设计做好准备。

第 4 章

原理图环境设置

本章详细介绍关于原理图的环境设置，包括系统属性与设计属性，在进行实际电路设计之前，环境的设置十分重要。

✦ 原理图图纸设置

✦ 配置系统属性

✦ 设计向导设置

4.1 原理图图纸设置

在原理图的绘制过程中，可以根据所要设计的电路图的复杂程度决定图纸尺寸，先对图纸进行设置。虽然在进入电路原理图的编辑环境时，Cadence系统会自动给出相关的图纸默认参数，但是在大多数情况下，这些默认参数不一定适合用户的需求，尤其是图纸尺寸。用户可以根据设计对象的复杂程度来对图纸的尺寸及其他相关参数进行重新定义。

选择菜单栏中的"Option（选项）"→"Schematic Page Properties（原理图页属性）"命令，系统将弹出"Schematic Page Properties（原理图页属性）"对话框，如图4-1所示。

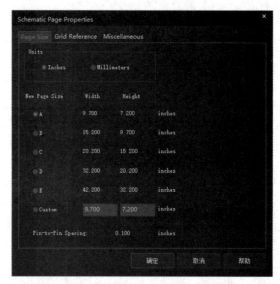

图4-1 "Schematic Page Properties（原理图页属性）"对话框

在该对话框中，有"Page Size（图页尺寸）""Grid Reference（参考网格）"和"Miscellaneous（杂项）"3个选项卡。

1. 设置图页大小

（1）单击"Page Size（图页尺寸）"选项卡，这个选项卡的上半部分为尺寸单位设置。Cadence给出了两种图页尺寸单位方式。一种是"Inches（英制）"，另一种为"Millimeters（公制）"。

选项卡的上半部分为尺寸选择。可以选择已定义好的图纸标准尺寸，英制图纸尺寸（A～E）的尺寸。

（2）在"Units（单位）"选项组下选择"Millimeters（公制）"，如图4-2所示，则在下半部分显示公制图纸尺寸（A0～A4）。

另一种是"Custom（自定义风格）"，勾选此复选框，则自定义功能被激活，在"Width（定制宽度）""Height（定制高度）"文本框中可以分别输入自定义的图纸尺寸。

（3）用户可以根据设计需要选择这两种设置方式，默认的格式为"Inches（英制）"A样式。

2. 设置参考网格

进入原理图编辑环境后，大家可能注意到了编辑窗口的背景是网格形的，这种网格是参考网格，是可以改变的。网格为元件的放置和线路的连接带来了极大的方便，使用户可以轻松地排列

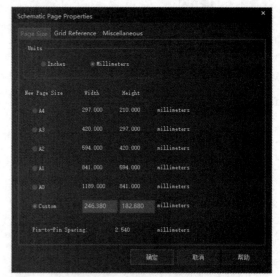

图4-2 选择公制单位

元件和整齐地走线。

参考网格的设置通过"Grid Reference（参考网格）"选项卡设置，可以设置水平方向，也可以设置垂直方向网格数，如图4-3所示。

（1）在"Horizontal（图纸水平边框）"选项组下"Count（计数）"文本框中输入设置图纸水平边框参考网格的数目，在"With（宽度）"文本框中设置图纸水平边框参考网格的高度。参考网格编号有两种显示方法，"Alphabetic（字母）"和"Numeric（数字）"。参考网格计数方式分为"Ascending（递增）""Descending（递减）"。

同样的设置应用于"Vertical（垂直）"选项组。

（2）在"Border Visible（边框可见性）"选项组下，分别勾选"Display（显示）""Printed（打印）"两复选框，设置图纸边框的可见性。

（3）在"Grid Refernce Visible（参考网格可见性）"下，分别勾选"Display（显示）""Printed（打印）"两复选框，选项组下设置图纸参考网格的可见性。

（4）在"Title Block Visible（标题栏可见性）"选项组下分别勾选"Display（显示）""Printed（打印）"两复选框，设置标题栏的可见性。

3. 设置杂项

在"Miscellaneous（杂项）"选项卡中显示图页号及创建时间和修改时间，如图4-4所示。

完成图纸设置后，单击"确定"按钮，进入原理图绘制的流程。

图4-3　"Grid Reference（参考网格）"选项卡

图4-4　"Miscellaneous（杂项）"选项卡

4.2　配置系统属性

在原理图的绘制过程中，其效率和正确性，往往与系统属性的设置有着密切的关系。属性设置的合理与否，直接影响到设计过程中软件的功能是否能得到充分的发挥。下面介绍如何进行系统属性设置。

1. 选择菜单栏中的"Options（选项）"→"Preferences（属性设置）"命令，系统将弹出"Preferences（属性设置）"对话框，如图4-5所示。

2. 在 "Preferences（属性设置）" 对话框中有7个标签页，即 "Colors/Print（颜色/打印）、Grid Display（格点属性）、Pan and Zoom（缩放的设定）、Select（选取模式）、Miscellaneous（杂项）、Text Editor（文字编辑）、Board Simulation（电路板仿真）"。下面对其中所有标签页的具体设置进行说明。

4.2.1 颜色设置

1. 电路原理图的颜色设置通过如图4-5所示的 "Colors/Print（颜色/打印）" 标签页来实现，除了设置各种图纸的颜色，还可以设置打印的颜色，可以根据自己的使用习惯设置颜色，也可以选择默认设置。

2. 勾选选项前面的复选框，设置颜色的不同组件，在打印后的图纸上显示对应颜色。下面分别介绍各选项。

（1）Pin：设置引脚的颜色。

（2）Pin Name：设置引脚名称的颜色。

（3）Pin Number：设置引脚号码的颜色。

（4）No Connect：设置不连接指示的符号的颜色。

图4-5 "Preferences（属性设置）" 对话框

（5）Off-page：设置页间连接符的颜色。

（6）Off-page Cnctr Text：设置页间连接符文字的颜色。

（7）Power：设置电源符号的颜色。

（8）Power Text：设置电源符号文字的颜色。

（9）Junction：设置节点的颜色。

（10）Wire：设置导线的颜色。

（11）Bus：设置总线的颜色。

（12）Connection Square：设置连接层的颜色。

（13）NetGrond Block：设置网络组块的颜色。

（14）Variant Part：设置变体元件的颜色。

（15）NetGroup Port：设置网络组端口的颜色。

（16）NetGroup Bus：设置网络组总线的颜色。

（17）NetGroup off-page Cnctr：设置网络组页间连接符的颜色。

（18）NetGroup Pin：设置网络组引脚的颜色。

（19）Part Body：设置元件简图的颜色。

（20）Part Body Rectangle：设置元件简图方框的颜色。

（21）Part Reference：设置元件附加参考资料的颜色。

（22）Part Value：设置元件参数值的颜色。

（23）Part Not Present：设置DIN元件的颜色。

（24）Hierarchical Block：设置层次块的颜色。

（25）Hier.Block name：设置层次名的颜色。

（26）Hierarchical Pin：设置层次引脚的颜色。

（27）Hierarchical Port：设置层次端口的颜色。

（28）Hier.Port Text：设置层次文字的颜色。

（29）Alias：设置网络别名的颜色。

（30）Graphics：设置注释图案的颜色。

（31）Display Pronerty：设置显示属性的颜色。

（32）Text：设置说明文字的颜色。

（33）Title Block：设置标题块的颜色。

（34）Title Text：设置标题文本的颜色。

（35）Background：设置图纸的背景颜色。

（36）Grid：设置格点的颜色。

（37）Selection：设置选取图件的颜色。

（38）Locked Object：设置锁定对象的颜色。

（39）DRC Marker：设置标志的颜色。

（40）Bookmart：设置书签的颜色。

图4-6　颜色设置对话框

3．当要改变某项的颜色属性时，只需单击对应的颜色块，即可打开图4-6所示的颜色设置对话框，选择所需要的颜色，单击"确定"按钮。

> 📒 注意
>
> 　　选择不同选项的颜色块，打开的对话框名称不同，但显示界面与设置方法相同，这里不再一一赘述。

4.2.2　格点属性

图4-7所示的"Grid Display（格点属性）"标签页主要用来调整显示网格模式，应用范围主要在原理图页及元件编辑两个方面。

整个页面分为两大部分。

1．Schematic Page Grid：原理图页网格设置。

（1）Visible：可见性设置。

● Displayed：可视性。勾选此复选框，原理图页网格可见，反之，不可见。

（2）Grid Style：网格类型。

● Dots：点状格点。

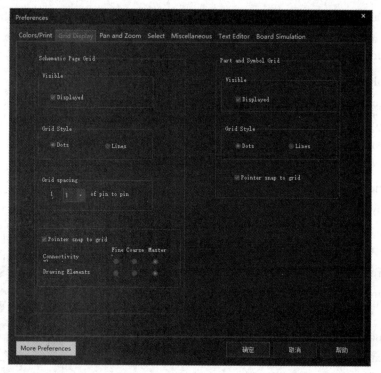

图4-7 "Grid Display（格点属性）"对话框

- Lines：线状格点。

（3）Grid spacing：网格排列。

- Pointer snap to grid：光标随格点移动。

2．Part and Symbol Grid：元件或符号网格设置。

（1）Visible：可见性设置。

- Displayed：可视性。勾选此复选框，元件或符号网格可见，反之不可见。

（2）Grid Style：网格类型。

- Dots：点状格点。

- Lines：线状格点。

（3）Grid spacing：网格排列。

- Pointer snap to grid：光标随格点移动。

4.2.3　设置缩放窗口

图4-8所示的"Pan and Zoom（缩放的设定）"标签页设置图纸放大与缩小的倍数。此标签页分为两大部分。

1．Schematic Page Editor：原理图页编辑设置。

（1）Zoom Factor：放大比例。

（2）Auto Scroll Percent：自动滚动。

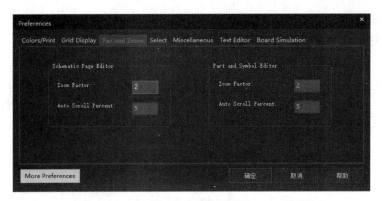

图4-8　"Pan and Zoom（缩放的设定）"对话框

2．Part and Symbol Editor：元件或符号网格设置。

（1）Zoom Factor：放大比例。

（2）Auto Scroll Percent：自动滚动百分比。

其余选项不再赘述。

4.3 设计向导设置

原理图设计环境的设置主要包括：字体的设置、标题栏的设置、页面尺寸的设置、边框显示的设置、层次图参数的设置及SDT兼容性的设置。

选择菜单栏中的"Options（选项）"→"Design Template（设计向导）"命令，系统将弹出"Design Template（设计向导）"对话框，如图4-9所示。

图4-9　"Design Template（设计向导）"对话框

在该对话框中可以设置题头、字体大小、页面尺寸、网格尺寸显示打印方式等等。设置结果对原理图的电气特性没有影响，也可采用默认设置。通常为了绘制方便，需要修改背景颜色、网格大小及显示方式。最重要的设置是页面的大小，通常A4或A3即可。

该对话框包括6个选项卡，下面进行一一介绍。

1. "Fonts（字体）"选项卡

选择"Fonts（字体）"选项卡，在该界面中对所有种类的字体进行设置，如图4-10所示。在该选项组下显示可以设置颜色的不同组件，勾选选项前面的复选框，在图纸中显示对应字体。

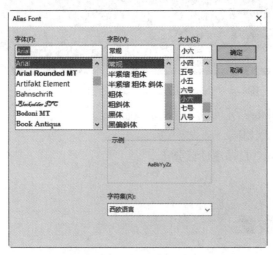

图4-10 字体设置对话框

当要改变某项的字体属性时，只需单击对应的字体块，即可打开如图4-10所示的字体设置对话框，进行相应设置。

2. "Title Block（标题栏）"选项卡

选择"Title Block（标题栏）"选项卡，在该界面中设定标题栏内容，如图4-11所示。

图4-11 "Title Block（标题栏）"选项卡

3. "Page Size（页面设置）"选项卡

选择"Page Size（页面设置）"选项卡，在该界面中设置要绘制的图纸大小，如图4-12所示。

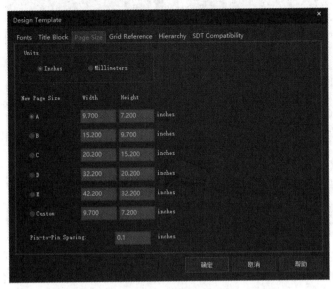

图4-12　"Page Size（页面设置）"选项卡

4. "Grid Reference（网格属性）"选项卡

选择"Grid Reference（网格属性）"选项卡，在该界面中对边框显示进行设置，设置参考格点，如图4-13所示。

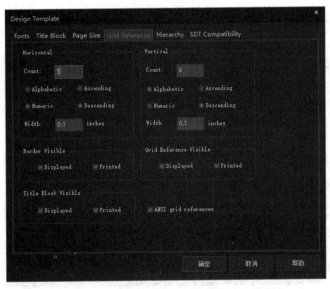

图4-13　"Grid Reference（网格属性）"选项卡

5. "Hierarchy（层次参数）"选项卡

选择"Hierarchy（层次参数）"选项卡，在该界面中设置层次电路中方框图的属性，如图4-14所示。

图4-14 "Hierarchy（层次参数）"选项卡

一般的层次电路中所有元件均为基本组件，但对于嵌套的层次电路，即包含下层电路图的电路图，包含不是基本组件的元件，而是电路图组成的元件。

6. "SDT Compatibility（SDT兼容性）"选项卡

选择"SDT Compatibility（SDT兼容性）"选项卡，在该界面中显示对SDT文件兼容性的设置，如图4-15所示。

图4-15 "SDT Compatibility（SDT兼容性）"选项卡

Schematic Design Tools简称SDT，是早期DOS版本的OrCAD软件包中与Capture对应的软件，选择对"SDT Compatibility（SDT兼容性）"标签页的设置，将Capture生成的电路设计存为SDT格式。

第 **5** 章

元件操作

　　元件与电气连接是原理图的基本组成部分，没有元件的原理图只是空谈，元件只是代理符号，与实际元件的外形没有关系。

　　元件保存在系统自带的元件库中，本章详细讲述如何按照要求将所需元件放置到原理图中并进行布局、属性设置。

✦ 放置元件

✦ 对象的操作

✦ 元件的属性设置

5.1 放置元件

原理图有两个基本要素，即元件符号和连接线路。用Cadence绘制原理图的主要操作就是将元件符号放置在原理图图纸上，然后用线将元件符号中的引脚连接起来，建立正确的电气连接，最后放置元件说明，增强电路的可读性。

在放置元件符号前，需要知道元件符号在哪一个元件库中，并载入该元件库。

5.1.1 搜索元件

以上叙述的加载元件库的操作有一个前提，就是用户已经知道了需要的元件符号在哪个元件库中，而实际情况可能并非如此。此外，当用户面对的是一个庞大的元件库时，逐个寻找列表中的所有元件，直到找到自己想要的元件为止，会是一件非常麻烦的事情，而且工作效率会很低。Cadence提供了强大的元件搜索能力，帮助用户轻松地在元件库中定位元件。

1. 查找元件

单击"Place Part（放置元件）"面板"Search for（查找元件）"按钮，显示搜索操作，如图5-1所示。搜索元件需要设置的参数如下。

图5-1　搜索库操作

（1）"Search（搜索）"文本框用于设定查找元件的文件匹配符，"*"表示匹配任意字符串。对于不太确定具体名称的元件，可在文本框中输入加*的关键词，如"*74ls""74ls*""*74ls*"，这样缩小搜索范围。在该文本框中，可以输入一些与查询内容有关的过滤语句表达式，有助于使系统进行更快捷、更准确的查找。例如在文本框中输入关键词"r"。

（2）"Path（路径）"文本框用于设置查找元件的路径。单击"Path（路径）"文本框右侧的　　按钮，系统将弹出"Browse File（搜索库）"对话框，供用户设置搜索路径。

（3）单击"Search（搜索）"文本框右侧的"Part Search（搜索路径）"按钮，系统开始搜索，执行对含关键词"r"的元件的全库搜索。

2. 显示找到的元件及其所属元件库

查找到"r"后的面板如图5-2所示。可以看到，符合搜索条件的元件名、所属库文件在该面板上被一一列出，供用户浏览参考。

图5-2　查找到元件后的面板

3. 加载找到的元件所属的元件库

选中需要的元件（不在系统当前可用的库文件中），单击下方的　Add　按钮，则元件所在的库文件被加载。如图5-3在"Libraries（库）"列表框中显示已加载元件库"DISCRETE（分立式元件库）"，在"Part（元件）"列表框中显示该元件库中的元件，选中搜索的元件"R/DISCRETE"，在面板中显示元件符号的预览。

图5-3　加载库文件

5.1.2　放置元件

在元件库中找到元件后，加载该元件库，以后就可以在原理图上放置该元件了。放置元件是绘制电路图的主要部分，首先必须画出结构图，厘清所要绘制的电路结构与组成的元素之间的关系，如有需要，可使用平坦式电路图或层次式电路图。

1. 执行方式

（1）单击"Draw Electrical"工具栏中的"Place Part（放置元件）"按钮█。

（2）选择菜单栏中的"Place（放置）"→"Part（元件）"命令。

（3）按快捷键P。

执行上述方法，将弹出如图5-4所示的"Place Part（放置元件）"面板，基本的元件库主要有Discrete.olb（分离元件库）、MicroController.olb（微处理器元件库）、Connector.olb（继电器元件库）、Gate.olb（门电路芯片元件库）。

2. 通过"Place Part（放置元件）"面板放置元件的操作步骤如下。

（1）打开"Place Part（放置元件）"面板，载入所要放置的元件所属的库文件。在这里，需要的元件在元件库Discrete.olb（分离元件库）中，确保已加载这个元件库。

（2）选择想要放置的元件所在的元件库。其实，所要放置的元件LED在元件库"Discrete.olb"中。在"Libraries（库）"下拉列表框中选中该库文件，该文件以高亮显示，在"Part（元件）"列表框中显示该库文件中所有的元件，这时可以放置其中含有的元件。

（3）在列表框中选中所要放置的元件。在"Part（元件）"文本框中输入所要放置元件的全称或名称的一部分，包含输入内容的元件会以列表的形式出现在"Part（元件）"列表框中。这里所要放置的元件为LED，因此输入"le"字样，该元件将以高亮显示，此时可以放置该元件的符号。在"Packaging（包装）"栏中预览显示元件LED的图形符号，如图5-5所示。

图5-4 "Place Part（放置元件）"面板

图5-5 选择要放置的元件

（4）选中元件，确定该元件是所要放置的元件后，单击该面板上方的"Place Part（放置元件）"按钮 或双击元件名称，光标将变成十字形状并附带着元件LED的符号出现在工作窗口中，如图5-6所示。

（5）移动光标到合适的位置，单击鼠标左键或按空格键，元件将被放置在光标停留的位置。此时系统仍处于放置元件的状态，可以继续放置该元件。在完成选中元件的放置后，单击鼠标右键在弹出的快捷菜单中选择"End Mode（结束模式）"命令或者按<Esc>键退出元件放置的状态，结束元件的放置。放置元件时元件序号自动从1递增，如图5-7所示。

图5-6 放置元件符号 　　　　图5-7 放置元件

（6）完成多个元件的放置后。可以重复刚才的步骤，放置其他元件。

5.2 对象的操作

当原理图中的元件或其余对象被选定后，对象颜色会发生变化，同时在元件四周显示虚线组成的矩形框，如图5-8所示，单击鼠标右键，会弹出快捷菜单，如图5-9所示。

a）未选中　　　　　　b）已选中

图5-8　选中元件

图5-9　快捷菜单

下面简单介绍与元件操作相关的快捷命令。

● Mirror Horizontally：将元件在水平方向上镜像，即左右翻转，快捷键为H。

● Mirror Vertically：将元件在垂直方向上镜像，即上下翻转，快捷键为V。

● Mirror Both：全部镜像。执行此命令，将元件同时上下左右/翻转一次。

● Rotate：旋转。将元件逆时针旋转90°。

● Edit Properties：编辑元件属性。

● Edit Part：编辑元件外形。

● Show Footprint：显示引脚。

● Link Database Part：连接数据库元件。

● View Database Part：显示数据库元件。

● Connect to Bus：连接到总线。

● User Assigned Reference：用户引用分配。

● Lock：固定，锁定元件位置。

- Add Part（s）To Group：在组中添加元件。
- Remove Part（s）From Group：从组中移除元件。
- Selection Filter：选择过滤器。
- Zoom In：放大，快捷键为I。
- Zoom Out：缩小。快捷键为O。
- Go To：指向指定位置。
- Cut：剪切当前元件。
- Copy：复制当前元件。
- Delete：删除当前元件。

对元件的上述基本操作也同样适用于后面讲解的网络标签、电源和接地符号等。

5.2.1　调整元件位置

每个元件被放置时，其初始位置并不是很准确。在进行连线前，需要根据原理图的整体布局对元件的位置进行调整。这样不仅便于布线，也使所绘制的电路原理图清晰、美观。元件的布局好坏直接影响到绘图的效率。

元件位置的调整实际上就是利用各种命令将元件移动到图纸上指定的位置，并将元件旋转为指定的方向。

1．元件的选取

要实现元器件位置的调整，首先要选取元器件。选取的方法很多，下面介绍几种常用的方法。

（1）用鼠标直接选取单个或多个元器件

对于单个元器件的情况，将光标移到要选取的元器件上单击即可。被选中的元件高亮显示，表明该元器件已经被选取，如图5-10所示。

对于多个元器件的情况，将光标移到要选取的元器件上单击即可，按住"Ctrl"键选择其他元件，选中的多个元件高亮显示，表明这些元器件已经被选取，如图5-11所示。

图5-10　选取单个元器件

图5-11　选取多个元器件

（2）利用矩形框选取

对于单个或多个元器件的情况，按住鼠标并拖动鼠标，拖出一个矩形框，将要选取的元器件包含在该矩形框中，如图5-12所示，释放鼠标后即可选取单个或多个元器件，如图5-13所示，被选中的元件高亮显示，表明这些元器件已经被选取。

在图5-12中，只要元器件的一部分在矩形框内，则显示选中对象，与矩形框从上到下框选还是从下到上框选无关。

图5-12　拖出矩形框　　　　　　图5-13　选中元器件

（3）用菜单栏选取元器件

选择菜单栏中的"Edit（编辑）"→"Select All（全部选择）"命令，选中原理图中的全部对象。

2. 取消选取

取消选取也有多种方法，这里也介绍几种常用的方法。

（1）直接用鼠标单击电路原理图的空白区域，即可取消选取。

（2）按住Ctrl键，单击某一已被选取的元器件，可以将其取消选取。

3. 元件的移动

在移动的时候是移动元件主体，而不是元件名或元件序号；同样的，如果需要调整元件名的位置，则先选择元件，再移动元件名就可以改变其位置，在图5-14中显示元件与元件名均改变的操作过程。

移动前　　　　　　　　　　　移动后

图5-14　移动元件

左右并排的两个元件，调整为上下排列，元件名从元件下方调整到元件右上方，节省图纸空间。

在实际原理图的绘制过程中，最常用的方法是直接使用鼠标拖曳来实现元件的移动。

（1）使用鼠标移动未选中的单个元件

将光标指向需要移动的元件（不需要选中），按住鼠标左键不放，此时光标会自动滑到元件的电气节点上。拖动鼠标，元件会随之一起移动。到达合适的位置后，释放鼠标左键，元件即被移动到当前光标的位置。

（2）使用鼠标移动已选中的单个元件

如果需要移动的元件已经处于选中状态，则将光标指向该元件，同时按住鼠标左键不放，拖动元件到指定位置后，释放鼠标左键，元件即被移动到当前光标的位置。

（3）使用鼠标移动多个元件

需要同时移动多个元件时，首先应将要移动的元件全部选中，鼠标移动到选中的元件上时会显示浮动的移动图标↔，然后在其中任意一个元件上按住鼠标左键并拖动，到达合适的位置后，释放鼠标左键，则所有选中的元件都移动到了当前光标所在的位置。

4. 元件的旋转

选取要旋转的元件，选中的元件被高亮显示，此时，元件的旋转主要有3种旋转操作，下面根据不同的操作方法分别进行介绍。

（1）菜单命令

- 选择菜单栏中的"Edit（编辑）"→"Mirror（镜像）"→"Vertically（垂直方向）"命令，被选中的元件上下对调。
- 选择菜单栏中的"Edit（编辑）"→"Mirror（镜像）"→"Horizontally（水平方向）"命令，被选中的元件左右对调。
- 选择菜单栏中的"Edit（编辑）"→"Mirror（镜像）"→"Both（全部）"命令，被选中的元件上下左右同时对调。
- 选择菜单栏中的"Edit（编辑）"→"Rotate（旋转）"命令，被选中的元件逆时针旋转90°。

（2）右键快捷命令

选中元件后单击鼠标右键弹出快捷菜单，执行下列命令：

- Mirror Horizontally：将元件在水平方向上镜像，即左右翻转，快捷键为H。
- Mirror Vertically：将元件在垂直方向上镜像，即上下翻转，快捷键为V。
- Mirror Both：全部镜像。执行此命令，将元件上下左右同时翻转一次。
- Rotate：旋转。将元件逆时针旋转90°。

（3）功能键

按下面的功能键，即可实现旋转。旋转至合适的位置后单击空白处取消选取元件，即可完成元件的旋转。

- <R>键：每按一次，被选中的元件逆时针旋转90°。
- <H>键：被选中的元件左右对调。
- <V>键：被选中的元件上下对调。

选择单个元件与选择多个元件进行旋转的方法相同，这里不再单独介绍。

5.2.2 元件的复制和删除

原理图中的相同元件有时候不止一个，在原理图中放置多个相同元件的方法有两种，重复利用放置元件命令放置相同元件，这种方法比较繁琐，适用于放置数量较少的相同元件，若在原理图中有大量相同元件，如基本元件电阻、电容，这就需要用到复制、粘贴命令。

复制、粘贴的操作对象不止包括元件，还包括单个单元及相关电器符号，方法相同，因此这里只简单介绍元件的复制粘贴操作。

1．复制元件

复制元件的方法有以下5种。

（1）菜单命令

选中要复制的元件，选择菜单栏中的"Edit（编辑）"→"Copy（复制）"命令，复制被选中的元件。

（2）工具栏命令

选中要复制的元件，单击"Capture"工具栏中的"Copy to clipBoard（复制到剪贴板）"按钮，复制被选中的元件。

（3）快捷命令

选中要复制的元件，单击鼠标右键弹出快捷菜单，选择"Copy（复制）"命令，复制被选中的元件。

（4）功能键命令

选中要复制的元件，在键盘上按"Ctrl+C"组合键，复制被选中的元件。

（5）拖曳的方法

按住"Ctrl"键，拖动要复制的元件，即复制出相同的元件。

2．剪切元件

剪切元件的方法有以下4种。

（1）菜单命令

选中要剪切的元件，选择菜单栏中的"Edit（编辑）"→"Cut（剪切）"命令，剪切被选中的元件。

（2）工具栏命令

选中要剪切的元件，单击"Capture"工具栏中的"Cut to clipBoard（剪切到剪贴板）"按钮，剪切被选中的元件。

（3）快捷命令

选中要剪切的元件，单击鼠标右键弹出快捷菜单，选择"Cut（剪切）"命令，剪切被选中的元件。

（4）功能键命令

选中要剪切的元件，在键盘上按"Ctrl+X"组合键，剪切被选中的元件。

3．粘贴元件

粘贴元件的方法有以下3种。

（1）菜单命令

选择菜单栏中的"Edit（编辑）"→"Paste（粘贴）"命令，粘贴被选中的元件。

（2）工具栏命令

单击"Capture"工具栏中的"Copy to clipBoard（复制到剪贴板）"按钮，复制被选中的元件。

（3）功能键命令

在键盘上按"Ctrl+V"组合键，粘贴复制的元件。

4．删除元件

复制元件的方法有以下3种。

（1）菜单命令

选中要复制的元件，选择菜单栏中的"Edit（编辑）"→"Delete（删除）"命令，删除被选中的元件。

（2）快捷命令

选中要复制的元件，单击鼠标右键弹出快捷菜单，选择"Delete（删除）"命令，删除被选中的元件。

（3）功能键命令

选中要复制的元件，在键盘上按"Delete（删除）"键，删除被选中的元件。

5.2.3　元件的固定

元件的固定是指将元件锁定在当前位置，无法进行移动操作。已经固定的元件不允许进行复制、粘贴及连线等操作，图5-15显示元件固定前后选中后的不同显示状态。

固定前　　　　　　固定后

图5-15　元件固定前后的不同显示状态

固定元件的方法有2种。

1．菜单命令。

在电路原理图上选取需要固定的单个或多个元件，选择菜单栏中的"Edit（编辑）"→"Lock（固定）"命令，锁定被选中的元件。

2．执行命令。

在电路原理图上选取需要固定的单个或多个元件，单击鼠标右键弹出快捷菜单，选择"Lock（固定）"命令，固定被选中的元件。

取消元件固定的方法与固定元件的方法相同，选择"Unlock（取消固定）"命令即可。

5.3　元件的属性设置

在原理图上放置的所有元件都具有自身的特定属性，在放置好每一个元件后，应该对其属性进行正确的编辑和设置，以免使后面的网络表生成及PCB的制作产生错误。

属性编辑好以后，该对象的电气特性、网络连接关系、所属类型和属性等都将会非常的清楚。

编辑属性的方法有以下几种。

● 菜单命令：选择菜单栏中的"Edit（编辑）"→"Properties（属性）"命令。

- 快捷命令：单击鼠标右键弹出快捷菜单，选择"Edit Properties（编辑属性）"命令。
- 双击元件。

5.3.1　属性设置

1. 编辑单个元件属性

选中元件，执行上述方法后，弹出"Property Editor（属性编辑）"窗口，如图5-16所示。

图5-16　"Property Editor（属性编辑）"窗口

（1）在图5-16中显示"Parts（元件）"选项卡上单击鼠标右键弹出如图5-17所示的快捷菜单，选择"Pivot（基准）"命令，改变视图，显示如图5-18所示的界面。

图5-17　快捷菜单

图5-18　更改视图

（2）从图5-18可以看出，该标签页还包含其余7个选项卡："Schematic Nets（原理图网络）""Flat Nets（平坦网络）""Pins（引脚）""Title Blocks（标题栏）""Globals（全局）""Ports（电路端口）""Aliases（别名）"，分别在图5-19~图5-25中显示，根据不同的显示项对其值进行修改。

图5-19 "Schematic Nets（原理图网络）"选项卡

图5-20 "Flat Nets（平坦网络）"选项卡

图5-21 "Pins（引脚）"选项卡

图5-22 "Title Blocks（标题栏）"选项卡

图5-23　"Globals（全局）"选项卡

图5-24　"Ports（电路端口）"选项卡

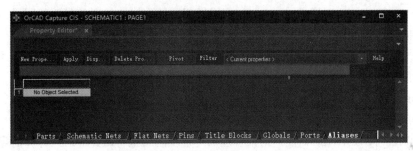

图5-25　"Aliases（别名）"选项卡

2. 编辑多个元件属性

Capture编辑元件属性的方法除了逐个编辑元件参数外还可使用整体赋值与分类赋值，方法相同，首先选中多个元件，在弹出的属性编辑窗口中显示所有选中元件的属性，如图5-26所示。

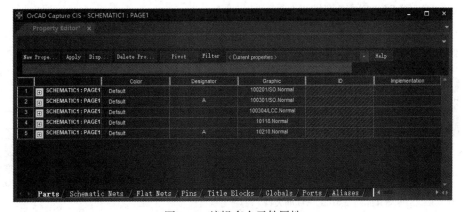

图5-26　编辑多个元件属性

3. 网络分配属性

从原理图到PCB图的信号传递依靠导线，通过网络的特定属性记录传输数据，进行正向、反向的信息流传输，通过对这些属性的分配，达到不同的目的。

（1）在原理图中选中并双击需要分配属性的网络（导线），弹出属性编辑对话框，在"Filter（过滤）"栏中选择"Capture PCB Editor SignalFlow"，在属性编辑栏中选择"Flat Nets"标签，如图5-27所示。

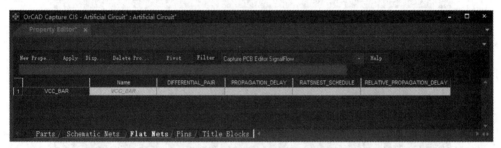

图5-27　属性编辑窗口

（2）在该窗口显示可以分配给网络的属性有4种，DIFFERENTIAL_PAIR属性、PROPAGATION_DELAY属性、RELATIVE_PROPAGATION_DELAY属性、RATSNEST_SCHEDULE属性。

- DIFFERENTIAL_PAIR属性：一对Flat网络以相同的方式布线，信号关于同样的参考值以相反的方向流动。
- PROPAGATION_DELAY属性：一个网络任意对引脚之间的最小和最大传输延迟约束。对网络分配这一属性，可以使布线器限制互连长度在这个最小值和最大值之间，它的格式是：<pin-pair>（被约束的引脚对）：<min-value>（最小可以传输的延迟/传输长度）：<max-value>（最大可以传输的延迟/传输长度）。
- RATSNEST_SCHEDULE属性：约束管理器对一个网络执行RATSNEST计算的类型，使用该属性，在时间和噪声容限上达到平衡。
- RELATIVE_PROPAGATION_DELAY属性：附加给一个网络上引脚对的电气约束。

（3）在DIFFERENTIAL_PAIR、RATSNEST_SCHEDULE网络属性上单击鼠标右键，弹出如图5-28所示的快捷菜单，对属性进行编辑操作，可直接在下拉菜单中选择分配属性，如图5-29所示为RATSNEST_SCHEDULE网络属性可分配值。

（4）在PROPAGATION_DELAY、RELATIVE_PROPAGATION_DELAY网络属性上单击鼠标右键，弹出如图5-30所示的快捷菜单。

图5-28　属性编辑命令菜单1　　　　图5-29　分配属性　　　　图5-30　属性编辑命令菜单2

（5）在"PROPAGATION_DELAY"属性上单击鼠标右键选择"Invoke UI（调用UI）"命令，弹出一个传输延迟的对话框，如图5-31所示。

- ⬚：单击该按钮，弹出添加引脚对的对话框，如图5-32所示。

图5-31　传输延迟对话框1

图5-32　"Create Pin Pairs（添加引脚对）"对话框

- ✕：单击该按钮，选中的引脚就会被删除。
- Pin Pair：引脚对，打开下拉菜单，如图5-33 所示，包含3项：ALL_DRIVER：ALL_ RECEIVER、LONG_DRIVER:SHORT_ RECEIVER、LONGEST_PIN:SHORTEST_ PIN。
- ALL_DRIVER：ALL_RECEIVER表示为所 有驱动器/接收器引脚对应用最小/最大约束。
- LONG_DRIVER：SHORT_RECEIVER表示 为最短的驱动器/接收器引脚应用最小延 迟，为最长的驱动器/接收器引脚对应最大延迟。

图5-33　"Pin Pair（引脚对）"下拉菜单

- "Min（最小值）"：在该栏中输入最小可允许传输延迟值。
- "Max（最大值）"：在该栏中输入最大可允许传输延迟值。
- "Min Rule""Max Rule"：在该栏中指定最小、最大约束的单位。

（6）在"RELATIVE_PROPAGATION_DELAY"上单击鼠标右键选择"Invoke UI（调用UI）" 命令，弹出一个传输延迟的对话框，如图5-34所示。

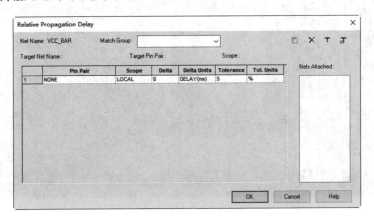

图5-34　传输延迟对话框2

- Scope：范围，在下拉列表中显示包括Global、Local两项。
  - ◆Global：在同一匹配组不同的网络间定义属性。
  - ◆Local：在同一匹配组不同的引脚对间定义属性。
- Delta：组中所有网络匹配目标网络的相对值。
- Delta Units：相对值的单位。
- Tolerance：指定引脚对最大可允许传输延迟值。
- Tol.Unit：指定允许传输延迟值的单位，分为%、ns和mis。

4. 添加元件属性

Footprint属性是原理图与PCB图链接的枢纽，只有元件添加了Footprint属性才能真正建立连接，Room属性是封装元件布局的关键，下面介绍如何在原理图中添加不同属性。

选中功能电路的模块，然后编辑属性。打开"Filter（过滤器）"下拉列表，显示不同属性，如图5-35所示，选择不同选项，在"Parts（元件）"选项卡中显示添加的属性。

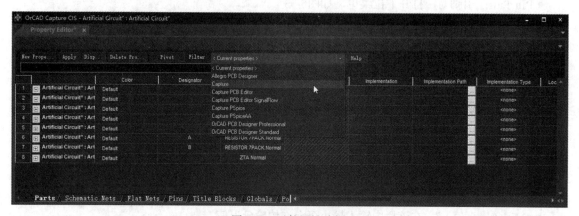

图5-35　元件属性编辑

在"Filter（过滤器）"下拉列表中选择"Capture"，添加PCB Footprint属性，如图5-36所示。

图5-36　选中属性

5.3.2　参数设置

编辑元件属性主要是修改元件参数值及元件序号，因此可以单独针对性地修改元件参数值或元件序号。具体操作步骤如下：

双击图5-37中的元件序号或元件名，也可选中元件序号或元件名执行菜单命令或右键命令，弹出图5-38所示的"Display Properties（显示属性）"对话框，此对话框包含以下几个部分。

LED

图5-37　选择的元件

图5-38　"Display Properties（显示属性）"对话框

1．Name（名称）：显示为Part Reference（元件序号）或Value（元件名）。

Value（参数值）：在该文本框中显示对应的元件序号或元件名称，在图5-38中显示元件序号为D1，元件名称为LED。

2．Display Format：显示格式，主要设置元件在原理图中显示的参数格式。以图5-38中左图为例，在此选项组中的"Name（名称）"为"Part Reference"，"Value（参数值）"为"D1"。

（1）Do Not Display：不显示。选择该项后，在原理图中隐藏设置的参数。即原理图中不显示元件序号D1，如图5-39（a）所示。

（2）Value Only：只显示参数值。原理图中只显示参数值D1，如图5-39（b）所示。

（3）Name and Value：同时显示名称和参数值。原理图中同时显示元件序号名及序号值，如图5-39（c）所示。

（4）Name Only：只显示名称，原理图中只显示元件序号名，如图5-39（d）所示。

（5）Both if Value Exist：如果在"Value（参数值）"一栏中输入内容，则同时显示名称和参数值，如图5-39（c）所示；若"Value（参数值）"一栏中无内容，则不显示设置的参数，如图5-39（a）所示。

图5-39　设置元件参数显示

3．Font：字体设置。

单击"Change（改变）"按钮，弹出图5-40所示的"字体"对话框，在该对话框中设置字体、字形及大小。

经过字体改变后，若想返回默认，单击"Use Default（使用默认）"按钮，即可返回软件初始设置。

4．Color：颜色设置。

在如图5-41所示的下拉列表中选择所需设置。若选择"Default（默认）"选项，则采用原理图运行环境中设置的颜色。

图5-40 "字体"对话框

图5-41 颜色设置列表

5．Rotation：循环设置。

在该选项下有4个选项：0°、90°、180°、270°，选择不同选项，设置元件以什么方位显示，与元件进行旋转操作的作用相同。

6．Text Justification：文本对齐。

用于对齐输入的文本内容。

通过对元件的属性进行设置，一方面可以确定后面生成的网络报表的部分内容，另一方面也可以设置元件在图纸上的摆放效果。

5.3.3 外观设置

编辑元件外观主要是修改元件符号形状，在原理图绘制过程中，所需元件在元件库中查找不到，重新创建新的元件过程太过繁琐，为减少步骤与时间，在元件库中查找到与所需元件相似的元件，并对其进行编辑，已达到代替所需元件的目的。

元件外形的编辑方法具体操作步骤如下。

选中图5-42中的元件，选择菜单栏中的"Edit（编辑）"→"Part（元件）"命令或单击鼠标右键选择"Edit Part（编辑元件）"快捷命令，弹出如图5-43所示的元件编辑对话框，在该对话框中可利用"Draw Electrical"和"Draw Graphical"工具栏中的图形绘制命令进行外形编辑。

图5-43　元件编辑对话框

图5-42　选择元件

5.3.4　自动编号

　　元件在放置过程中自动按照放置顺序进行编号，但有时这些编号不符合原理图设计规则，Capture提供重新排序功能，首先把元器件的编号更改为"？"的形式，然后再对关键字之后的？进行自动编号。自动编号功能可以在设计流程的任何时间执行，一般选择在全部设计完成之后再重新进行编号，这样才能保证设计电路中没有漏掉任何元件的序号，而且也不会出现两个元件有重复序号的情况。

　　每个元件编号的第1个字母为关键字，表示元件类别。其后为字母和数字组合。区分同一类中的不同个体。选择菜单栏中的"Tools（工具）"→"Annotate（标注）"命令或单击"Capture"工具栏中的"Annotate（标注）"按钮 ，弹出如图5-44所示的"Annotate（标注）"对

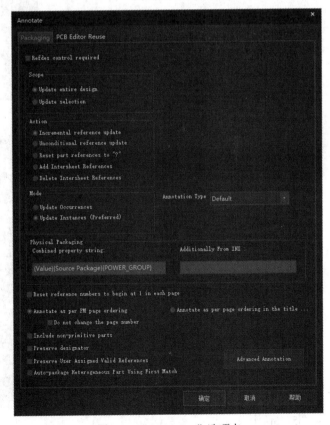

图5-44　"Packaging"选项卡

话框，该对话框包含2个选项卡。

1．选择"Packaging"选项卡，如图5-44所示，设置元件编号参数，下面简单介绍该对话框各个选项的意义。

（1）"Scope（范围）"选项组：在该选项组下设置需要进行编号的对象范围是全部还是部分。

- Update entire design：更新整个设计。
- Update selection：更新选中的部分电路。

（2）"Action（功能）"选项组：在该选项组下设置编号功能。

- Incremental reference update：在现有的基础上进行增加排序。
- Unconditional reference update：无条件进行排序。
- Reset part reference to "?"：把所有的序号都变成"?"。
- Add Intersheet References：在分页图纸间的端口的序号加上图纸编号。
- Delete Intersheet References：删除分页图纸间的端口的序号上的图纸编号。

（3）Combined property string：组合对话框中的属性。

（4）Reset reference numbers to begin at 1 in each page：编号时每张图纸都从1开始。

（5）Do not change the page number：不改变图纸编号。

2．选择"PCB Editor Reuse"选项卡，如图5-45所示，设置元件重新编号参数。

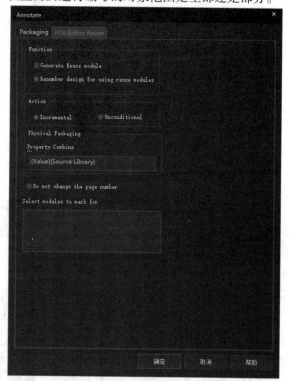

图5-45 "PCB Editor Reuse"选项卡

5.3.5 反向标注

自动编号只能更改关键词后的数字，想要改变其中的序号或对调引脚、对调逻辑门，需要按规则编辑一个"*.SWP"文件。

选择菜单栏中的"Tools（工具）"→"Back Annotation（反向标注）"命令或单击"Capture"工具栏中的"Back annotate（反向标注）"按钮，弹出"Backannotate（反向标注）"对话框，如图5-46所示。

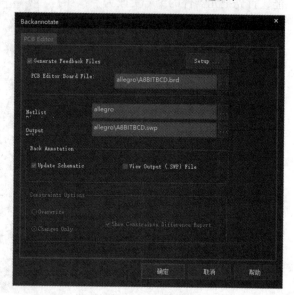

图5-46 "Backannotate（反向标注）"对话框

第 6 章

原理图的电气连接

在整个电路设计过程中，电气连接是电路设计的实质，将元件按照实际要求进行连接，原理图没有标准答案，在遵守正确电气连接的原则下，尽量避免叠加，线路交叉。

本章将详细介绍如何连接原理图。希望用户通过本章的学习，掌握原理图设计的过程和方法。

 ✦ 原理图连接工具

 ✦ 元件的电气连接

 ✦ 绘图工具

6.1 原理图连接工具

Cadence提供了3种对原理图进行电气连接的操作方法。

1. 使用菜单命令

如图6-1所示菜单栏中的"Place（放置）"菜单中原理图连接工具部分。在该菜单中，提供了放置各种元件的命令，也包括对Bus（总线）、Bus Entry（总线分支）、Wire（导线）、Net Alias（网络名）等连接工具的放置命令。

2. 使用Draw工具栏

在"Place（放置）"菜单中，各项命令分别与"Draw Electrical"和"Draw Graphical"工具栏中的按钮一一对应，直接单击该工具栏中的相应按钮，即可完成相同的功能操作，如图6-2所示。

图6-1 "Place（放置）"菜单

图6-2 "Draw Electrical"和"Draw Graphical"工具栏

3. 使用快捷键

上述各项命令都有相应的快捷键，在图6-1中显示命令与快捷键的对应关系。例如，设置网络名的快捷键是<N>，绘制总线入口的快捷键是<E>等。使用快捷键可以大大提高操作速度。

6.2 元件的电气连接

在原理图的电气连接除了根据线的种类不同分为导线连接和总线连接之外，还有一些如网络名、不连接符号等操作也可达到电气连接的作用。

6.2.1 导线的绘制

元件之间电气连接的主要方式是通过导线来连接。导线是电气连接中最基本的组成单位，它具有电气连接的意义。

放置导线的详细步骤如下。

1. 执行方式

选择菜单栏中的"Place（放置）"→"Wire（导线）"命令或单击"Draw Electrical"工具栏中的"Place wire（放置导线）"按钮 ，也可以按下快捷键<W>进行操作，这时鼠标变成十字形状，激活导线操作，如图6-3所示。

图6-3　绘制导线时的鼠标

2. 操作步骤

原理图元件的每个引脚上都有一个小方块，在小方块处进行电气连接。将鼠标移动到想要完成电气连接的元件的引脚方框上，单击鼠标左键或空格键来确定起点，如图6-4（a）所示，然后移动鼠标拖动出一条直线，到放置导线的终点，如图6-4（b）所示，单击左键完成两个元件之间的电气连接。此时鼠标仍处于放置线的状态，导线两端显示实心小方块。重复上面操作可以继续放置其他的导线。按"Esc"键结束连线操作，如图6-4（c）所示。

（a）确定起点

（b）确定终点　　　　　　　　　　　　　　　（c）完成连线

图6-4　导线的绘制

3. 导线的拐弯模式

如果要连接的两个引脚不在同一水平线或同一垂直线上，则绘制导线的过程中需要单击鼠标左键或按空格键来确定导线的拐弯位置，如图6-5所示。导线绘制完毕，单击鼠标右键或按"Esc"键即可退出绘制导线操作。

（a）确定起点

（b）确定拐弯位置　　　　　　　　　　（c）完成连线

图6-5　导线的拐弯模式

4. 导线的交叉模式

在连线过程中，经常会出现交叉的情况。此时，在连线交叉处会出现两种情况，如图6-6所示：一个有红点，另一个没有。

没有节点表示没有电气连接，有红点提示表示有电气连接，与后面的添加电气节点相同。

5. 导线的重复模式

连接线路过程中，确定起点，向外绘制一段导线后，按F4键，可重复上述操作，如图6-7所示。

图6-6　导线的交叉模式　　　　　　　　　图6-7　重复操作

6. 导线的斜线模式

有些时候，为了增强原理图的可观性，把导线绘制成斜线。

连接线路过程中，单击鼠标左键的同时按住"Shift"键，确定起点后，向外绘制的导线为斜线，单击鼠标左键或按空格键确定第一段导线的终点，在继续绘制第二段导线过程中，松开"Shift"键，绘制水平或垂直的导线，继续按住"Shift"键，则可继续绘制斜线，如图6-8所示。

图6-8　绘制斜线

6.2.2　总线的绘制

总线是一组具有相同性质的并行信号线的组合，如数据总线、地址总线、控制总线等。在大规模的原理图设计，尤其是数字电路的设计中，只用导线来完成各元件之间的电气连接的话，则整个原理图的连线就会显得细碎而繁琐，而总线的运用则可大大简化原理图的连线操作，可以使原理图更加整洁、美观。

在规模较大的原理图中，总线可以使电路布局更加清晰，总线与导线相比，颜色深、线型粗。原理图编辑环境下的总线没有任何实质的电气连接意义，仅仅是为了绘图和读图的方便而采取的一种简化连线的表现形式。

1. 执行方式

选择菜单栏中的"Place（放置）"→"Bus（总线）"命令或单击"Draw Electrical"工具栏中的"Place bus（放置总线）"按钮，也可以按下快捷键<B>进行操作，这时鼠标变成十字形状，激活总线操作，如图6-9所示。

图6-9　绘制总线

2. 操作步骤

总线的绘制与导线的绘制基本相同，将鼠标移动到想要放置总线的起点位置，单击鼠标确定总线的起点。然后拖动鼠标，单击确定多个固定点转向，最终双击左键结束，如图6-9所示。总线的绘制不必与元件的引脚相连，它只是为了方便接下来对总线分支线的绘制而设定的。

3. 设置总线的属性

完成绘制后，双击总线可打开总线的属性设置对话框，如图6-10所示。要显示总线名称，则单击 User Propert... 按钮，弹出图6-11所示的"User Properties（用户属性）"对话框，在该对话框中显示了总线的两个属性：ID、Net Name。

图6-10　总线属性设置对话框

图6-11　"User Properties（用户属性）"对话框

- 单击"New（新建）"按钮，弹出"New Properties（新属性）"对话框，在该对话框中可以输入新属性的"Name（名称）"与"Value（值）"，如图6-12所示。
- 单击"Remove（移除）"按钮，可直接将新建的属性从该对话框中删除，该命令只适用于用户新建的属性，总线自带的两个属性无法删除。
- 单击"Display（显示）"按钮，弹出"Display Properties（显示属性）"对话框，在该对话框中可以设置属性的"Name（名称）"与"Value（值）"可见性，如图6-13所示。

图6-12　"New Properties（新属性）"对话框　　　图6-13　"Display Properties（显示属性）"对话框

总线的重复模式与斜线模式同样适用于总线，方法相同，这里不再赘述。

总线不能与导线、元件等组件直接进行连接，需要加入总线分支进行过渡，下面的章节将讲解总线分支的具体操作方法。

6.2.3　总线分支线的绘制

总线分支线是单一导线与总线的连接线。使用总线分支线把总线和具有电气特性的导线连接起来，可以使电路原理图更为美观、清晰且具有专业水准。与总线一样，总线分支线也不具有任何电气连接的意义，而且它的存在并不是必须的，即便不通过总线分支线，直接把导线与总线连接也是正确的。

放置总线分支线的操作步骤如下：

1．选择菜单栏中的"Place（放置）"→"Bus Entry（总线分支）"命令或单击"Draw Electrical"工具栏中的"Place bus entry（放置总线分支）"按钮，也可以按下快捷键<E>进行操作，这时鼠标上带有浮动的总线分支符号。

2．在导线或元件引脚与总线之间单击鼠标，即可放置一段总线分支线。如图6-14所示。由此可以看出元件引脚无法直接与总线分支连接，需要经过导线连接后才可实现真正意义上的电气连接。

图6-14　绘制总线分支线

总线分支的长度是固定的，与总线、导线并不一样，不能随鼠标的移动而拉长。

6.2.4　自动连线

导线是电路原理图中最重要也是用得最多的图元，重复使用单点连接的模式耗费大量时间，相较于其他电路软件，Cadence提供了自动连线的功能，半自动地进行导线连接，既确保了原理图连线的正确性，也大大节省了连线时间。

自动连线操作分3种方式。

1．两点

选择菜单栏中的"Place（放置）"→"Auto Wire（自动连线）"→"Two Points（两点）"命令或单击"Draw Electrical"工具栏中的"Auto Connect two points（两点自动布线）"按钮，激活命令，鼠标变为十字形状，如图6-15（a）所示，在元件引脚小方块上单击，向外拖动，选择第二个连线点，如图6-15（b）所示，单击引脚上的小方块，完成两点连接，如图6-15（c）所示。

（a）确定起点　　　　　　　　　　　　　　　　（b）确定第二点

（c）完成连线

图6-15　绘制两点连线

2. 多点

选择菜单栏中的"Place（放置）"→"Auto Wire（自动连线）"→"Multiple Points（多点）"命令或单击"Draw Electrical"工具栏中的"Auto Connect multi points（多点自动布线）"按钮，激活命令，鼠标变为十字形状，依次选择需要连接的多个引脚，如图6-16所示，完成所有引脚选择后，单击鼠标右键弹出如图6-17所示的快捷菜单，选择"Connect（连接）"命令，完成所选引脚的连接，如图6-18所示。

图6-16　选择多个点

图6-17　快捷菜单

3. 连接到总线

选择菜单栏中的"Place（放置）"→"Auto Wire（自动连线）"→"Connect to Bus（连接到总

线）"命令或单击"Draw Electrical"工具栏中的"Auto Connect to Bus（自动连接到总线）"按钮
，激活命令，鼠标变为十字形。

图6-18　多点连接

依次选择需要连接的单个或多个引脚，如图6-19所示，完成引脚选择后，单击鼠标右键弹出
如图6-20所示的快捷菜单，选择"Connect to Bus（总线连接）"命令，在图纸中选择所要连接的
总线，如图6-21所示，系统会自动连接所选引脚与总线，并自动在两者中添加必要的导线与总线分
支，如图6-22所示。

图6-19　选择引脚

图6-20　快捷菜单

图6-21　选择总线

图6-22 自动连接到总线

自动连线的同时会弹出"Enter Net Names（输入网络名称）"对话框，如图6-23所示，在"Pins Select（引脚选择）"文本框中显示与选择的总线连接的引脚数为3，在下面的文本框中输入网络名称，单击 OK 按钮，完成命名。至此，完成连线操作。

图6-23 "Enter Net Name（输入网络名称）"对话框

图6-24 快捷菜单

> **注意**
>
> 在无命令状态下，按住"Ctrl"键，依次在引脚小方块上单击，选中两个或多个引脚，单击鼠标右键弹出如图6-24所示的快捷菜单，可直接选择"Connect（连接）"或"Connect to Bus（总线连接）"命令，可直接代替上面的操作，执行自动连线操作，此方法步骤简单，实用性强，读者可多加练习，熟练掌握此绘图技巧。

6.2.5 放置手动连接

在Cadence中，默认情况下，系统会在导线的T型交叉点处自动放置电气节点，表示所画线路在电气意义上是连接的。但在其他情况下，如十字交叉点处，由于系统无法判断导线是否连接，因此不会自动放置电气节点。如果导线确实是相互连接的，就需要用户自己手动来放置电气节点。

手动放置电气节点的步骤如下。

1. 选择菜单栏中的"Place（放置）"→"Junction（结点）"命令或单击"Draw Electrical"工具栏中的"Place junction（放置结点）"按钮 ，也可以按下快捷键<J>进行操作，这时鼠标带有一个电气节点符号。

2. 移动光标到需要放置电气节点的地方，单击鼠标左键即可完成放置，如图6-25中B点所示。

此时鼠标仍处于放置电气节点的状态，重复操作即可放置其他的节点。

图6-25中A点为连线过程中默认添加的电气节点，表示电路相通。

图6-25　放置电气节点

6.2.6　放置电路端口

通过上面的学习我们知道，在设计原理图时，两点之间的电气连接，可以直接使用导线连接，也可以通过设置相同的网络标签来完成。还有一种方法，即使用电路的输入输出端口，同样能实现两点之间（一般是两个电路之间）的电气连接。相同名称的输入输出端口在电气关系上是连接在一起的，一般情况下在一张图纸中是不使用端口连接的，层次电路原理图的绘制过程中常用到这种电气连接方式。

放置输入输出端口的具体步骤如下。

1．选择菜单栏中的"Place（放置）"→"Hierarchical Port（电路端口）"命令或单击"Draw Electrical"工具栏中的"Place port（放置电路端口）"按钮，激活命令。

2．弹出"Place Hierarchical Port（放置电路端口）"对话框，如图6-26所示。在该对话框中可以选择不同类型的层次端口。

3．下面介绍对话框中显示的CAPSYM库中的I/O端口类型：

图6-26　输入输出端口属性设置

- PORTBOTH-L：设置双向箭头、结点在左的I/O端口符号 PORTBOTH-L

- PORTBOTH-R：设置双向箭头、结点在右的I/O端口符号 PORTBOTH-R

- PORTLEFT-L：设置左向箭头、结点在左的I/O端口符号 PORTLEFT-L

- PORTLEFT-R：设置左向箭头、结点在右的I/O端口符号 PORTLEFT-R

- PORTNO-L：设置无向箭头、结点在左的I/O端口符号 PORTNO-L

- PORTNO-R：设置无向箭头、结点在右的I/O端口符号 PORTNO-R

- PORTRIGHT-L：设置右向箭头、结点在左的I/O端口符号 PORTRIGHT-L

● PORTRIGHT-R：设置右向箭头、结点在右的I/O端口符号 **PORTRIGHT-R** ⊏━▷

4．在"Libraries（库）"列表库中显示已加载的元件库，在"Symbol（符号）"列表框中显示所选元件库中包含的端口符号，在"Name（名称）"文本框中编辑端口名称，在右侧显示端口符号缩略图。

5．单击 Add Library 按钮，弹出"Browser Files（文件搜索）"对话框（见图2-2），选择要添加的库文件。

单击图6-26中的 Remove Library 按钮，删除"Libraries（库）"列表库中加载的元件库。

6．单击 OK 按钮，退出对话框，在鼠标上显示浮动的端口符号，移动光标到需要放置端口的地方，单击鼠标左键即可完成放置，如图6-27所示。此时鼠标仍处于放置端口的状态，重复操作即可放置其他的端口符号。

图6-27　放置输入输出端口

7．选中电路图端口，单击鼠标右键弹出如图6-28所示的快捷菜单，下面简单介绍部分常用的菜单命令。

● Mirror Horizontally：电路端口连接器左右翻转。

● Mirror Vertically：电路端口连接器上下翻转。

● Rotate：电路端口连接器逆时针旋转90°。

● Edit Properties：编辑电路端口连接器的属性。

● Fisheye view：鱼眼视图。

● Zoom In：放大窗口。

● Zoom Out：缩小窗口。

● Go to...：跳转到指定位置。

● Cut：剪切端口连接器。

● Copy：复制端口连接器。

● Delete：删除端口连接器。

8．端口名称的编辑还可采用元件参数编辑的方法，在原理图中双击端口名称，弹出如图6-29所示的"Display Properties（显示属性）"对话框，可在该对话框中修改端口名称。

图6-28　快捷菜单

图6-29　"Display Properties（显示属性）"对话框

6.2.7　放置页间连接符

在原理图设计中可添加页间连接符，用于Page1与Page2之间的电气连接。通过在上下两页连接的端口处放置页间连接符，平坦式电路页与页之间完成了完美的电气连接。

在使用页间连接符时，这些电路图页必须在同一个电路文件夹下，且分页端口连接器要有相同的名字，才能实现电路图页之间的电气连接。

放置页间连接符的具体步骤如下。

1. 选择菜单栏中的"Place（放置）"→"Off-Page Connector（页间连接符）"命令或单击"Draw Electrical"工具栏中的"Place off-page connector（放置页间连接符）"按钮，弹出如图6-30所示的"Place Off-Page Connector（放置页间连接符）"对话框。

2. 在该对话框中显示CPSYM库中的类型。

- OFFPAGELEFT-L：设置采用双向箭头、节点在左的页间连接符，OFFPAGELEFT-L 。
- OFFPAGELEFT-R：设置采用双向箭头、节点在右的页间连接符，OFFPAGELEFT-R 。

3. 在"Libraries（库）"列表库中显示已加载的元件

图6-30　"Place Off-Page Connector（放置页间连接符）"对话框

库，在"Symbol（符号）"列表框中显示所选元件库中包含的电源、接地符号，在"Name（名称）"文本框中编辑页间连接符名称，在右侧显示页间连接符缩略图。

- 单击 Add Library... 按钮，弹出"Browser Files（文件搜索）"对话框，选择要添加的库文件。
- 单击 Remove Library 按钮，删除"Libraries（库）"列表库中加载的元件库。
- 单击 OK 按钮，退出对话框，在鼠标上显示浮动的页间连接符，移动光标到需要放置页间连接符的地方，单击鼠标左键即可完成放置，如图6-31所示。此时鼠标仍处于放置页间连接符的状态，重复操作即可放置其他的页间连接符。

4．双击页间连接符，弹出"Edit Off-Page Connector（编辑页间连接符）"对话框，在"Name（名称）"文本框中输入需要修改的页间连接符名称，如图6-32所示。

图6-31　放置页间连接符

图6-32　"Edit Off-Page Connector（编辑页间连接符）"对话框

6.2.8　放置图表符

放置的图表符并没有具体的意义，只是层次电路的转接枢纽，需要进一步进行设置，包括其标识符、所表示的子原理图文件，以及一些相关的参数等。

1. 放置图表符的具体步骤

选择菜单栏中的"Place（放置）"→"Hierarchical Block（图表符）"命令，或者单击"Draw Electrical"工具栏中的"Place hierarchical block（放置图表符）" ■ 按钮，弹出如图6-33所示的对话框。

2. 方块电路图属性的主要参数

- Reference：在该文本栏用来输入相应方块电路图的名称，其作用与普通电路原理图中的元件标识符相似，是层次电路图中用来表示方块电

图6-33　放置层次模块对话框

路图的唯一标志，不同的方块电路图应该有不同的标识符。

- Implementation Type：该电路图所连接的内层电路图类型，其下拉菜单中一共有8项，如图6-34所示。选择除"None"外的其余选项后，激活下面的选项，如图6-35所示。

图6-34　Implementation Type菜单选项　　　　　图6-35　激活文本框命令

- Implementation name：该文本栏用来输入该方块电路图所代表的下层子原理图的文件名。
- Path and filename：指定该电路的存盘路径，可以不指定，默认选择电路图选择的路径。
- Implementation Type中的8项下拉菜单说明如下。
    - <none>：不附加任何工具参数。
    - Schematic View：与电路图连接。
    - VHDL：与VHDL硬件描述语言文件连接。
    - EDIF：与EDIF格式的网络表连接。
    - Project：与可编辑逻辑设计项目连接。
    - PSpice Model：与PSpice模型连接。
    - PSpice Stimulus：与PSpice仿真连接。
    - Verilog：与Verilog硬件描述语言文件。

3．　User Properties...　：单击此按钮，弹出如图6-36所示的对话框，增加和修改相关参数。单击　OK　按钮，关闭对话框。

4．此时，鼠标变成了十字形，移动鼠标到需要放置方块电路图的地方，单击鼠标左键确定方块电路图的一个顶点，如图6-37所示，移动鼠标到合适的位置再一次单击鼠标确定其对角顶点，即可完成方块电路图的放置，设置完属性的图表符如图6-38所示。

图6-36　用户属性参数设置　　　　图6-37　放置图表符　　图6-38　设置完的图表符

6.2.9　放置图纸入口

1．选中图表符，选择菜单栏中的"Place（放置）"→"Hierarchical Pin（图纸入口）"命令，或者单击"Draw Electrical"工具栏中的"Place H Pin（放置图纸入口）"按钮，添加层次端口，弹出如图6-39所示的对话框。

图6-39　电路端口属性设置对话框

2．方块电路图属性的主要参数如下。

图6-40　类型下拉列表

- Type：类型下拉列表，包含8种端口类型，这是电路端口最重要的属性，如图6-40所示。
- Name：输入电路端口的名称，与层次原理图子图中的端口名称对应，只有这样才能完成层次原理图的电气连接。
- Width：设置引脚类型，有两个选项，包括Scalar（普通）、Bus（总线）。
- User Propert... ：单击此按钮，弹出如图6-41所示的对话框，增加和修改相关参数。

属性设置完毕后，单击 OK 按钮，关闭设置对话框。

图6-41　用户属性参数设置

3．此时，在工作区出现一个随着鼠标移动的图纸入口，附着图纸入口的鼠标只能在方块电路图内部移动，选择要放置的位置，单击左键，把引脚放在图表符的矩形框里，如图6-42所示。

4．此时，鼠标仍处于放置图纸入口的状态，重复上一步的操作即可放置其他的图纸入口，如图6-43所示。完成放置后，单击鼠标右键或者按下"Esc"键便可退出操作，结果如图6-44所示。

图6-42　移动图纸入口

图6-43　继续放置图纸入口

图6-44　图纸入口

6.2.10　放置电源符号

电源符号是电路原理图中必不可少的组成部分。在Cadence中提供了多种电源符号供用户选择，每种形状都有一个相应的网络标签作为标识。

放置电源符号的步骤如下：

1．选择菜单栏中的"Place（放置）"→"Power（电源）"命令或单击"Draw Electrical"工具栏中的"Place power（放置电源）"按钮，也可以按下快捷键<F>进行操作。

2．弹出如图6-45所示的"Place Power（放置电源）"对话框，在该对话框中选择不同类型的电源符号。

图6-45　"Place Power（放置电源）"对话框

在Capture元件库中有两类电源符号，一类是CAPSYM库中提供的4种电源符号，这4种电源符号没有电压值，仅是一种符号的代表，但具有全局相连的特点。也就是在电路中只要相同的电源符号在电学上是相连的。另一类电源是通过设置可以有一定的电源值，给电路提供激励电源的电源符号，这类电源是由SOURCE库提供的图6-46和图6-47所示是不同的电源符号。

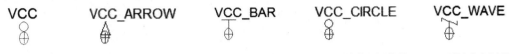

（a）普通电源符号　　（b）箭头状电源符号　　（c）棒状电源符号　　（d）圆头状电源符号　　（e）波浪状电源符号

图6-46　CAPSYM库电源符号

（a）高电平电源符号　　（b）低电平电源符号

图6-47　SOURCE库电源符号

3．在"Libraries（库）"列表库中显示已加载的元件库，在"Symbol（符号）"列表框中显示所选元件库中包含的电源符号，在"Name（名称）"文本框中编辑电源符号名称，在右侧显示电源符号缩略图。

4．单击 Add Library... 按钮，弹出如图6-48所示的"Browse File（文件搜索）"对话框，选择要添加的库文件。

5．单击 Remove Library 按钮，删除"Libraries（库）"列表库中加载的元件库。

6．单击 OK 按钮，退出对话框，在鼠标上显示浮动的电源符号，如图6-49所示，移动光标到需要放置电源的地方，单击鼠标左键即可完成放置，如图6-50所示。此时鼠标仍处于放置电源的状态，重复操作即可放置其他的电源符号。

图6-48　"Browse File（文件搜索）"对话框

图6-49　显示电源符号

图6-50　放置电源

引脚与引脚之间直接连在一起，则电气上存在连接关系，电源和地符号与引脚直接相连，也形成电气上的连接关系。但是尽量避免这样做，因为这样连接在"Back annotation（反向标注）"时会出问题。

6.2.11　放置接地符号

接地符号根据接地的选择不同，可分为模拟地、数字地和大地等，并且接地符号同样具有全局相连的特点，CAPSYM库中的接地符号如图6-51所示。

（a）地符号　　　　（b）大地符号　　　　（c）信号地符号　　　　（d）电源地符号　　　　（e）信号符号

图6-51　接地符号

放置接地符号的步骤如下。

1．选择菜单栏中的"Place（放置）"→"Ground（接地）"命令或单击"Draw Electrical"工具栏中的"Place ground（放置接地）"按钮■，也可以按下快捷键<G>进行操作。

2．弹出如图6-52所示的"Place Ground（放置接地）"对话框，在该对话框中显示上面介绍的各种接地符号。

3．单击■OK■按钮，退出对话框，在鼠标上显示浮动的接地符号，移动光标到需要放置接地的地方，单击鼠标左键即可完成放置，如图6-53所示。此时鼠标仍处于放置接地的状态，重复操作即可放置其他的接地符号。

图6-52　"Place Ground（放置接地）"对话框

图6-53　放置接地符号

6.2.12　放置网络标签

在原理图绘制过程中，元器件之间的电气连接除了使用导线外，还可以通过设置网络标签的方法来实现。

网络标签具有实际的电气连接意义，具有相同网络标签的导线或元件引脚不管在图上是否连接在一起，其电气关系都是连接在一起的。特别是在连接的线路比较远，或者线路过于复杂，而使走线比较困难时，使用网络标签代替实际走线可以大大简化原理图。对总线进行网络标签没有实际意义，只能用于辅助读图。

放置网络标签的步骤如下。

1．选择菜单栏中的"Place（放置）"→"Net Alias（网络名）"命令或单击"Draw Electrical"工具栏中的"Place net alias（放置网络名）"按钮，也可以按下快捷键<N>，激活命令。

2．弹出"Place Net Alias（放置网络名）"对话框，如图6-54所示。在该对话框中可以对"网络"的颜色、位置、旋转角度、名称及字体等属性进行设置。

- 在"Alias（别名）"文本框中输入网络名称；
- 在"Color（颜色）"下拉列表中选择网络标签名称显示的颜色；
- 单击"Font（字体）"选择项组下"Change（更改）"按钮，弹出"字体"对话框，如图6-55所示，设置字体大小及形状。
- 在"Rotation（旋转）"选项组下显示旋转的4个角度：0、90、180、270。

属性编辑结束后按"OK（确定）"按钮即可关闭该对话框。

图6-54　网络标签属性设置

图6-55　"字体"对话框

3．这时鼠标带有一个矩形框的图标，移动光标到需要放置网络标签的导线上，如图6-56所示，单击鼠标左键即可完成放置，如图6-57所示。此时鼠标仍处于放置网络标签的状态，重复操作即可放置其他的网络标签。单击鼠标右键选择"End Mode（结束操作）"命令或者按下"Esc"键便可退出操作。

图6-56　显示光标

图6-57　放置网络标签

4．网络标签命名规则。

（1）对总线进行命名

有以下3种形式：BUS[0..11]、BUS [0：11]和BUS [0-11]，其中"["与数字、字母间不能有空格，如图6-58所示。

图6-58　对总线命名

（2）对与总线分支连接导线命名

若总线名称为BUS[0-11]，则导线名称必须为BUS0、BUS1等，如图6-59所示。

图6-59　对导线进行命名

由于总线与总线分支相连接的线一般大量出现，因此在进行命名过程中，按住"Ctrl"键，选中导线，依次在选中的导线上放置网络标签，名称依次递增。

注意

总线和导线信号线之间只能通过网络标签来实现电气连接。

若总线不经过总线分支线，直接与导线连接，虽然在连接处也显示连接点，但这种连接没有形成真正的电气连接，总线电气信号的传递必须经过总线分支，同时总线跟与其相连的导线必须拥有符合命名规则的名称（用网络标签实现）。

与导线连接相同，两段总线如果形成 T 型连接，则自动放置电气结点，形成电气连接；若两段线十字交叉，则默认是不相交，没有电气连接，不自动添加电气结点的，若要形成电气连接，需要手动添加电气结点。

6.2.13　放置不连接符号

在电路设计过程中，系统进行电气规则检查（ERC）时，有时会产生一些不希望的错误报告。例如，出于电路设计的需要，一些元器件的个别输入引脚有可能被悬空，但在系统默认情况下，所有的输入引脚都必须进行连接，这样在ERC检查时，系统会认为悬空的输入引脚使用错误，并在引脚处放置一个错误标记。

为了避免用户为检查这种"错误"而浪费时间，可以使用不连接符号，让系统忽略对此处的ERC测试，不再产生错误报告，也称之为忽略ERC测试点。

放置不连接符号的具体步骤如下。

1．选择菜单栏中的"Place（放置）"→"No Connect（不连接）"命令或单击"Draw Electrical"工具栏中的"Place no connect（放置不连接符号）"按钮，也可以按下快捷键<X>进行操作，这时鼠标上带有一个浮动的小叉（不连接符号）。

2．移动光标到需要放置不连接符号的位置处，单击鼠标左键即可完成放置，如图6-60所示。此时鼠标仍处于放置不连接符号的状态，重复操作即可放置其他的不连接符号。单击鼠标右键选择"End Mode（结束模式）"命令或者按下"Esc"键便可退出操作。

图6-60　放置忽略ERC测试点

6.3 绘图工具

在原理图编辑环境"Place（放置）"菜单栏与"Draw Graphical"工具栏中，有一些命令用于在原理图中绘制各种标注信息，使电路原理图更清晰，数据更完整，可读性更强。该图形工具中的各种图元均不具有电气连接特性，所以系统在做ERC检查及转换成网络表时，它们不会产生任何影响，也不会附加在网络表数据中。

绘图工具主要用于在原理图中绘制各种标注信息以及各种图形，也可在原理图库中应用绘制工具。

由于绘制的这些图形在电路原理图中只起到说明和修饰的作用，不具有任何电气意义，所以系统在做电气检查（ERC）及转换成网络表时，它们不会产生任何影响。

1．选择菜单栏中的"Place（放置）"命令，打开下拉列表，其中绘图工具如图6-61所示，选择菜单中不同的命令，就可以绘制各种图形。

2．选择菜单栏中的"View（视图）"→"Toolbar（工具栏）"下的"Draw Graphical"命令，打开"Draw Graphical"工具栏，如图6-62所示。工具栏中框选的各项与绘图工具菜单中的命令具有对应关系。

图6-61　绘图工具

- ：用来绘制直线。
- ：用来绘制多段线。
- ：用来绘制矩形。
- ：用来绘制椭圆或圆。
- ：用来绘制圆弧。
- ：用来绘制椭圆弧。
- ：用来绘制贝塞尔曲线。
- ：用来在原理图中添加文字说明。

图6-62　绘图工具栏

6.3.1　绘制直线

在电路原理图中，绘制出的直线在功能上完全不同于前面所讲的导线，它不具有电气连接意义，所以不会影响到电路的电气结构。

1．执行方式选择菜单栏中的"Place（放置）"→"Line（线）"命令，或单击"Draw Graphical"工具栏中的"Place line（放置线）"按钮 。

2．启动绘制直线命令后，光标变成十字形，系统处于绘制直线状态。在指定位置单击左键确定直线的起点，移动光标形成一条直线，在适当的位置再次单击左键或按空格键确定直线终点。

（1）绘制出第一条直线后，此时系统仍处于绘制直线状态，将鼠标移动到新的直线的起点，按照上面的方法继续绘制其他直线，如图6-63所示。

（2）单击鼠标右键选择"End Mode（结束模式）"命令或者按下"Esc"键便可退出操作。

图6-63　绘制直线

3．完成绘制直线后，双击需要设置属性的直线，弹出"Edit Graphic（编辑图形）"对话框，如图6-64所示。

4．选项卡设置如下。

图6-64　直线属性设置对话框

（1）Line Style：用来设置直线外形。单击后面的下三角按钮，可以看到有5个选项供用户选择，如图6-65所示。

（2）Line Width：用来设置直线的宽度。有3个选项供用户选择，如图6-66所示。

（3）Color：用来设置直线的颜色。

图6-65　直线外形设置

图6-66　直线宽度选择

6.3.2　绘制多段线

由于绘制的直线是一段段的，不连续的，因此，绘制连续的线还需要利用多段线命令，同时由线段组成的各种多边形也可以由多段线命令组成。

绘制多边形的步骤如下。

1．选择菜单栏中的"Place（放置）"→"Polyline（多段线）"命令，或单击"Draw Graphical"工具栏中的 "Place polyline（放置多段线）"按钮 ，也可以使用快捷键<Y>，如图6-67所示。

2．启动绘制多边形命令后，光标变成十字形。单击鼠标左键确定多边形的起点，移动鼠标向外拉出一条直线，至多边形的第二个顶点，单击鼠标确定第二个顶点。

（1）若在绘制过程中，需要转折，在折点处单击鼠标左键或按空格键确定直线转折的位置，每转折一次都要单击鼠标一次。转折时，可以通过按Shift键来切换成斜线模式。

（2）移动光标至多边形的第3个顶点，单击鼠标确定第3个顶点。此时，出现一个三角形，如图6-68所示。

图6-67　确定多边形一边　　　　　　　　图6-68　确定多边形第3个顶点

（3）继续移动光标，确定多边形的下一个顶点，可以确定多边形的第4、5、6个顶点，绘制出各种形状的多边形，如图6-69所示。

图6-69　多边形样例

（4）单击鼠标右键选择"End Mode（结束模式）"命令或者按下"Esc"键便可退出操作。

3．绘制完成后，双击需要设置属性的多边形。

（1）弹出"Edit Filled Graphic"属性设置对话框，如图6-70所示。

（2）Fill Style：用来设置多边形内部填充样式。在如图6-71所示的下拉列表中选择填充样式，填充结果如图6-72所示，其余选项在前面已讲解，这里不再赘述。

图6-70　多边形属性设置对话框　　　　图6-71　填充样例

图6-72　多边形填充结果

4．多段线命令还可以绘制如图6-73所示的不闭合图形，双击该图形，弹出如图6-74所示的"Edit Graphic（编辑图形）"对话框，该对话框与直线命令的属性设置对话框相同，这里不再赘述。

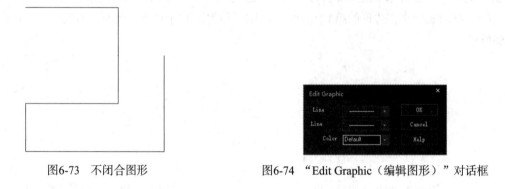

图6-73　不闭合图形　　　　　　图6-74　"Edit Graphic（编辑图形）"对话框

6.3.3　绘制矩形

相对于利用多段线命令绘制矩形需要多个步骤，这里直接利用矩形命令即可一步绘制完成。

1．选择菜单栏中的"Place（放置）"→"Rectangle（矩形）"命令，或单击"Draw Graphical"工具栏中的"Place rectangle（放置矩形）"按钮■。

2．启动绘制矩形的命令后，光标变成十字形。将十字光标移到指定位置，单击鼠标左键，确定矩形左下角位置，如图6-75所示。此时，光标自动跳到矩形的右上角，拖动鼠标，调整矩形至合适大小，再次单击鼠标左键，确定右上角位置，如图6-76所示。

矩形绘制完成。此时系统仍处于绘制矩形状态，若需要继续绘制，则按上面的方法绘制，若无需绘制，单击鼠标右键选择"End Mode（结束模式）"命令或者按下"Esc"键便可退出操作。

图6-75　确定矩形左下角　　　　　　　　　　图6-76　确定矩形右上角

3．绘制完成后，双击需要设置属性的矩形，弹出"Edit Filled Graphic（编辑填充图形）"对话框，如图6-77所示。此对话框可用来设置矩形的线宽、线型、填充样式、颜色等，图6-78显示矩形的填充效果，与多段线绘制的四边形效果相同。

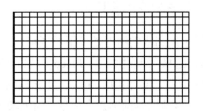

图6-77　"Edit Filled Graphic（编辑填充图形）"对话框　　　图6-78　矩形填充效果

6.3.4　绘制椭圆

Cadence中绘制椭圆和圆的工具是一样的。当椭圆的长轴和短轴的长度相等时，椭圆就会变成圆。因此，绘制椭圆与绘制圆本质上是一样的。

1．选择菜单栏中的"Place（放置）"→"Ellipse（椭圆）"命令，或单击"Draw Graphical"工具栏中的"Place ellipse（放置椭圆）"按钮 。

2．启动绘制椭圆命令后，光标变成十字形。将光标移到指定位置，单击鼠标左键，确定椭圆的起点位置。

（1）光标在水平、垂直方向上拖动，自动调整椭圆的大小。水平方向移动光标改变椭圆水平轴的长短，垂直方向拖动鼠标改变椭圆垂直轴的长短。在合适位置上可拖动出一个圆，如图6-79所示；继续向右拖动，如图6-80所示，显示椭圆外形。

（2）在合适位置单击鼠标，完成一个椭圆或圆的绘制，如图6-81所示。

图6-79　确定圆外形　　　图6-80　确定椭圆外形　　　　　图6-81　绘制完成的椭圆

（3）此时系统仍处于绘制椭圆状态，可以继续绘制椭圆。若要退出，单击鼠标右键选择"End Mode（结束模式）"命令或者按下"Esc"键便可退出操作。

3．绘制完成后，双击需要设置属性的椭圆，弹出"Edit Filled Graphic（编辑填充图形）"对话框，如图6-82所示。此对话框用来设置椭圆的线宽、线型、填充样式、颜色，在图6-83中显示设置后的椭圆。

图6-82　"Edit Filled Graphic（编辑填充图形）"对话框　　图6-83　椭圆设置结果

6.3.5　绘制椭圆弧

除了绘制线类图形外，用户还可以用绘图工具绘制曲线，比如绘制椭圆弧。

1. 选择菜单栏中的"Place（放置）"→"Elliptical arc（放置椭圆弧）"命令，或单击"Draw Graphical"工具栏中的"Place elliptical arc（放置椭圆弧）"按钮 。

2. 启动绘制椭圆弧命令后，光标变成十字形。移动光标到指定位置，单击鼠标左键确定椭圆弧的端点。如图6-84所示。

（1）沿水平、垂直方向移动鼠标，可以改变椭圆弧的宽度、长度，如图6-85所示。当宽度、长度合适后单击鼠标左键确定椭圆弧的外形，同时确定椭圆弧的第一个端点，如图6-86所示。

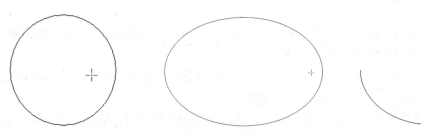

图6-84　确定椭圆弧端点　　　　图6-85　确定椭圆弧宽度、高度　　　图6-86　拖动椭圆弧

（2）沿椭圆外形拖动鼠标，单击左键确定椭圆弧的终点，如图6-87所示。完成绘制椭圆弧。此时，仍处于绘制椭圆弧状态，若需要继续绘制，则按上面的步骤绘制，若要退出绘制，单击鼠标右键选择"End Mode（结束模式）"命令或者按下"Esc"键便可退出操作。

（3）绘制完成后，双击需要设置属性的椭圆弧，弹出"Edit Graphic（编辑图形）"对话框，如图6-88所示。

在该对话框中主要用来设置椭圆弧的线宽、线型、颜色等。在图6-89中显示设置后的椭圆弧。

图6-87　确定椭圆弧的终点　　图6-88　"Edit Graphic（编辑图形）"对话框　　图6-89　设置样例

6.3.6　绘制圆弧

绘制圆弧的方法与绘制椭圆弧的方法基本相同。绘制圆弧时，不需要确定宽度和高度，只需确定圆弧的圆心、半径以及起始点和终点就可以了。

1．选择菜单栏中的"Place（放置）"→"Arc（圆弧）"命令，或单击"Draw Graphical"工具栏中的"Place arc（放置圆弧）"按钮 即可以启动绘制圆弧命令。

2．启动绘制圆弧命令后，光标变成十字形。将光标移到指定位置。单击鼠标左键确定圆弧的圆心。此时，光标自动移到圆弧的圆周上，移动鼠标可以改变圆弧的半径，单击鼠标左键确定圆弧的半径，如图6-90所示。

（1）光标自动移动到圆弧的起始角处，移动鼠标可以改变圆弧的起始点。单击鼠标左键确定圆弧的起始点，如图6-91所示。

（2）此时，光标移到圆弧的另一端，单击鼠标左键确定圆弧的终止点。如图6-92所示。一条圆弧绘制完成，系统仍处于绘制圆弧状态，若需要继续绘制，则按上面的步骤绘制，若要退出绘制，则单击鼠标右键选择"End Mode（结束模式）"命令或者按下"Esc"键便可退出操作。

图6-90　确定圆弧半径　　　　　图6-91　确定圆弧起始点　　　　　图6-92　确定圆弧终止点

3．绘制完成后，双击需要设置属性的圆弧，弹出"Edit Graphic（编辑图形）"对话框，如图6-93所示。

圆弧的属性设置与椭圆弧的属性设置基本相同。区别在于圆弧设置的是其半径的大小，而椭圆弧设置的是其宽度和高度。图6-94所示是设置后的圆弧。

图6-93　"Edit Graphic（编辑图形）"对话框　　　图6-94　设置后的圆弧

6.3.7　绘制贝塞尔曲线

贝塞尔曲线在电路原理图中的应用比较多，可以用于绘制正弦波、抛物线等。

1．选择菜单栏中的"Place（放置）"→"Bezier Curve（贝塞尔曲线）"命令，或单击Draw

Graphical"工具栏中的"Place Bezier（放置贝塞尔曲线）"按钮 。

2．启动绘制贝塞尔曲线命令后，鼠标变成十字形。将十字光标移到指定位置，单击鼠标左键，确定贝塞尔曲线的起点。然后移动光标，再次单击鼠标左键确定第2点，绘制出一条直线，如图6-95所示。

（1）继续移动鼠标，在合适位置单击鼠标左键确定第3点，生成一条弧线，如图6-96所示。

（2）继续移动鼠标，曲线将随光标的移动而变化，单击鼠标左键，确定此段贝塞尔曲线，如图6-97所示。

图6-95　确定一条直线　　　图6-96　确定贝塞尔曲线的第三点　　　图6-97　确定一段贝塞尔曲线

（3）继续移动鼠标，重复操作，绘制出一条完整的贝塞尔曲线，如图6-98所示。

（4）此时系统仍处于绘制贝塞尔曲线状态，若需要继

图6-98　完整的贝塞尔曲线

续绘制，则按上面的步骤绘制，否则单击鼠标右键选择"End Mode（结束模式）"命令或者按下"Esc"键便可退出操作。

3．贝塞尔曲线属性设置双击绘制完成的贝塞尔曲线，弹出"Edit Graphic（编辑图形）"对话框，如图6-99所示。此对话框只用来设置贝塞尔曲线的线宽、线型和颜色。图6-100是设置后的贝塞尔曲线。

图6-99　"Edit Graphic（编辑图形）"对话框

图6-100　贝塞尔曲线样例

6.3.8　放置文本

在绘制电路原理图时，为了增加原理图的可读性，设计者会在原理图的关键位置添加文字说明，即添加文本。

1．选择菜单栏中的"Place（放置）"→"Text（文本）"命令，或单击"Draw Graphical"工具栏中的"Place text（放置文本）"按钮 ，或按功能键<T>。

2．启动放置文本字命令后，弹出如图6-101所示的"Place Text（放置文本）"对话框，单击"OK（确定）"按钮后，光标上带有一个矩形方框。移动光标至需要添加文字说明处，单击鼠标左键即可放置文本字。如图6-102所示。

图6-101　"放置文本"对话框

图6-102　文本的放置

3．在放置状态下或者放置完成后，双击需要设置属性的文本，弹出"Place Text（放置文本）"对话框，如图6-101所示。

（1）文本：用于输入文本内容。可以自动换行，若需强制换行则需要单击"Ctrl"＋"Enter"键。

（2）Color：颜色，用于设置文本字的颜色。

（3）Rotation：定位，用于设置文本字的放置方向。有4个选项：0°、90°、180°和270°。

（4）Font：字体，用于调整文本字体。

单击下方的"Change（改变）"按钮，系统将弹出字体设置对话框，用户可以在里面设置文字样式，如图6-103所示，单击"Use Default（使用默认）"按钮，将设置的字体返回系统设定值。

（5）Text Justification：用于对齐输入的文本内容。

图6-103　"字体"对话框

6.3.9　放置图片

在电路原理图的设计过程中，有时需要添加一些图片文件，例如元器件的外观、厂家标志等，这样有助于提高设计页的可读性和打印质量。

放置图片的步骤如下。

（1）选择菜单栏中的"Place（放置）"→"Picture（图片）"命令。

（2）启动放置图片命令后，弹出选择图片对话框，选择图片路径，如图6-104所示。选择好以后，单击 打开(O) 按钮即可将图片添加到原理图中。

（3）光标附有一个浮动的图片，如图6-105所

图6-104　选择图片对话框

示，移动光标到指定位置，单击鼠标左键，确定放置，如图6-106所示。

图6-105　浮动图片

图6-106　放置图片

6.4　操作实例

本节将从实际操作的角度出发，通过绘图工具与元件库在原理图绘制过程中的实际应用来说明怎样使用原理图编辑器来完成电路的设计工作。

6.4.1　抽水机电路

本例绘制的抽水机电路主要由4只晶体管组成。潜水泵的供电受继电器的控制，继电器中线圈中的电流是否形成，取决于晶体管VT4是否导通。本例中将介绍创建原理图、设置图纸、放置元件、绘制原理图符号、元件布局布线和放置电源符号等操作。

1. 建立工作环境

在Cadence主界面中，选择菜单栏中的"File（文件）"→"New（新建）"→"Project（工程）"命令或单击"Capture"工具栏中的"Create document（新建文件）"按钮，弹出如图6-107所示的"New Project（新建工程）"对话框，创建工程文件"Water Pump.dsn"。在该工程文件夹下，默认创建图纸文件SCHEMATIC1，在该图纸子目录下自动创建原理图页PAGE1，如图6-108所示。

扫码看视频

图6-107　"New Project（新建工程）"对话框

图6-108　项目管理器

2. 设置图纸参数

选择菜单栏中的"Options（选项）"→"Design Template（设计向导）"命令，系统将弹出"Design Template（设计向导）"对话框，选择"Page Size（页面设置）"选项卡，如图6-109所示。

在此选项卡中对图纸参数进行设置。在"Units（单位）"栏选择单位为Millimeters（公制），页面大小选择"A4"。

单击 确定 按钮，完成图纸属性设置。

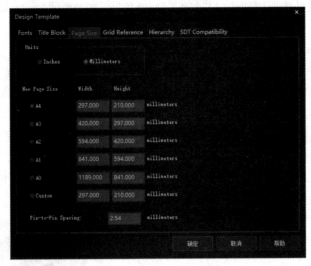

图6-109　"Design Template（设计向导）"对话框

3. 加载元件库

选择菜单栏中的"Place（放置）"→"Part（元件）"命令或单击"Draw Electrical"工具栏中的"Place part（放置元件）"按钮，打开"Place Part（放置元件）"面板，在"Libraries（库）"选项组下显示默认加载的元件库，如图6-110所示。然后在其中加载需要的元件库。

图6-110　显示默认加载的库文件

单击"Add Library（添加库）"按钮，系统将弹出如图6-111所示的"Browse File（搜索库）"对话框，选中要加载的库文件MiscLinear.olb，单击"打开"按钮，在"Place Part（放置元件）"面板"Libraries"（库）选项组下文本框中显示加载库列表，如图6-112所示。

图6-111　加载需要的元件库

图6-112　加载元件库

4. 查找元器件，并加载其所在的库

这里我们不知道设计中所用到的LM395P芯片和MC7812/TO所属的库，因此，先要查找这两个元器件。

单击"Place Part（放置元件）"面板"Search for（查找）"，显示搜索操作，在"Search（搜索）"文本框中输入"*LM395P*"，如图6-113所示。单击"Part Search（搜索路径）"按钮，系统开始搜索，在"Libraries（库）"列表下显示符合搜索条件的元件名、所属库文件，如图6-114所示。

（1）选中需要的元件LM395P，单击 Add 按钮，在系统中加载该元件所在的库文件Transistor.olb，在"Libraries（库）"列表框中显示已加载元件库"Transistor.olb（晶体管元件库）"，在"Part（元件）"列表框中显示该元件库中的元件，选中搜索的元件"LM395P"，在面板中显示元件符号的预览，如图6-115所示。

图6-113　设置搜索条件

图6-114　显示搜索结果

图6-115　加载库文件

单击"Place Part（放置元件）"按钮或双击元件名称，将选择的芯片LM395P放置在原理图纸上，如图6-116所示。

单击"Place Part（放置元件）"面板"Search for（查找）"，显示搜索操作，在"Search（搜索）"文本框中输入"*MC7812*"，如图6-114所示。单击"Part Search（搜索路径）"按钮，系统开始搜索，在"Libraries（库）"列表下显示符合搜索条件的元件名、所属库文件，如图6-117所示。

（2）选中需要的元件MC7812/TO，单击 Add 按钮，在系统中加

图6-116　放置元件LM395P

载该元件所在的库文件Regulator.olb，在"Libraries（库）"列表框中显示已加载元件库，在"Part
（元件）"列表框中显示该元件库中的元件，在面板中显示元件符号的预览。

单击"Place Part（放置元件）"按钮或双击元件名称，将选择的芯片MC7812/TO放置在原理
图纸上，如图6-118所示。

5. 添加元件

单击"Draw Electrical"工具栏中的"Place part（放置元件）"按钮，打开"Place Part（放置元
件）"面板，选择"TRANSISTOR.olb（晶体管元件库）"，在"Part（元件）"文本框中输入2N3904，
在下面的"Part（元件）"列表中显示符合条件的元件，找到三极管元件2N3904，如图6-119所示，选
择三极管元件放置在原理图中。

图6-117　搜索元件　　　　　　图6-118　放置元件MC7812/TO　　　　图6-119　选择元器件2N3904

打开"Place Part（放置元件）"面板，选择"TRANSISTOR.olb（晶体管元件库）"，在"Part
（元件）"文本框中输入2N3906，在下面的"Part（元件）"列表中显示符合条件的元件，找到三极
管元件2N3906，如图6-120所示，选择元件放置在原理图中。

（1）放置二极管元器件。在"Place Part（放置元件）"面板中选择"Discrete.olb（分立式元件
库）"，在元器件过滤列表框中输入"dio"，在元件预览窗口中显示符合条件的元器件，如图6-121
所示。在元器件列表中选择Diode，将元器件放置到图纸空白处。

（2）放置发光二极管元器件。在"Place Part（放置元件）"面板中选择"Discrete.olb（分立式
元件库）"，在元器件过滤列表框中输入"led"，在元件预览窗口中显示符合条件的元器件，如
图6-122所示。在元器件列表中选择LED，将元器件放置到图纸空白处。

图6-120　选择元器件2N3906　　　图6-121　选择元器件Diode　　　图6-122　选择元器件LED

（3）放置整流桥（二极管）元器件。在"Place Part（放置元件）"面板中选择"Discrete.olb（分立式元件库）"，在元器件过滤列表框中输入"bri"，在元件预览窗口中显示符合条件的元器件，如图6-123所示。在元器件列表中选择Bridge，将元器件放置到图纸空白处。

（4）放置变压器元器件。在"Place Part（放置元件）"面板中选择"Discrete.olb（分立式元件库）"，在元器件过滤列表框中输入"trans"，在元件预览窗口中显示符合条件的元器件，如图6-124所示。在元器件列表中选择TRANSFORMER AIR CORE，单击 按钮，将元器件放置到图纸空白处。

图6-123　选择元器件Bridge　　　　图6-124　选择元器件TRANSFORMER AIR CORE

（5）放置电阻、电容。在"Place Part（放置元件）"面板中选择"Discrete.olb（分立式元件库）"，在元器件列表中分别选择如图6-125、图6-126、图6-127所示的电阻和电容进行放置。最终结果如图6-128所示。

图6-125　选择元器件Cap NP

图6-126　选择元器件Cap Pol

图6-127　选择元器件R2

图6-128　放置元件到原理图

6. 元件布局

基于布线方便的考虑，主要元件被放置在电路图中间的位置，完成所有元件的布局，如图6-129所示。

图6-129　元件布局结果

7. 元件布线

择菜单栏中的"Place（放置）"→"Wire（导线）"命令或单击"Draw Electrical"工具栏中的"Place wire（放置导线）"按钮，移动光标到元件的一个引脚上，单击确定导线起点，然后拖动鼠标画出导线，在需要拐角或者和元件引脚相连接的地方单击鼠标左键即可，完成导线布置后的原理图如图6-130所示。

图6-130　元件布线结果

提示

　　由于电源、接地符号不能直接与元件引脚相连，在布线过程中，可提前在需要放置电源、接地符号的引脚处绘制浮动的导线。

---

8. 放置电源符号和接地符号

电源符号和接地符号是一个电路中必不可少的部分。选择菜单栏中的"Place（放置）"→"Ground（接地）"命令或单击"Draw Electrical"工具栏中的"Place ground（放置接地）"按钮，在弹出的对话框中选择接地符号，如图6-131所示，单击 OK 按钮，退出对话框，移动光标到目标位置并单击鼠标左键，即可向原理图中放置接地符号，结果如图6-132所示。

图6-131　"Place Ground"对话框

图6-132　完成接地符号放置的原理图

选择菜单栏中的"Place（放置）"→"Power（电源）"命令或单击"Draw Electrical"工具栏中的"Place power（放置电源）"按钮，在弹出的对话框中选择电源符号"VCC_BAR/CAPSYM"，如图6-133所示。

图6-133　设置电源属性

单击 OK 按钮，退出对话框，移动光标到目标位置并单击鼠标左键，就可以将电源符号放置在原理图中，结果如图6-134所示。

图6-134　放置电源符号

选择菜单栏中的"Place（放置）"→"Power（电源）"命令或单击"Draw Electrical"工具栏中的"Place power（放置电源）"按钮 ，在弹出的对话框中选择电源符号"VCC/CAPSYM"，如图6-135所示。

图6-135　设置电源属性

单击 OK 按钮，退出对话框，移动光标到目标位置并单击鼠标左键，就可以将电源符号放置在原理图中。放置完成电源符号和接地符号的原理图如图6-136所示。

图6-136　完成电源符号放置的原理图

在本例的设计中，主要介绍了原理图元件的搜索与放置。原理图中软件自带的系统库庞大，所需元件可进行查找，给设计工作带来极大的便利。

6.4.2　监控器电路

本例要设计的是无线电监控器电路，此电路将音频信号放大再用振荡器发射出去。其优点是没有加密，只需用调频收音机就能接收；缺点是：不宜长时间监听，易被发现，保密性不好。

1. 建立工作环境

在Cadence主界面中，选择菜单栏中的"File（文件）"→"New"（新建）→"Project（工程）"命令或单击"Capture"工具栏中的"Create document（新建文件）"按钮■，弹出如图6-137所示的"New Project（新建工程）"对话框，创建工程文件"Bug.dsn"。在该工程文件夹下，默认创建图纸文件SCHEMATIC1，在该图纸子目录下自动创建原理图页PAGE1。

扫码看视频

图6-137　"New Project（新建工程）"对话框

2. 设置图纸参数

（1）选择菜单栏中的"Options（选项）"→"Design Template（设计向导）"命令，系统将弹出"Design Template（设计向导）"对话框，选择"Page Size（页面设置）"选项卡，如图6-138所示，在此对话框中对图纸参数进行设置。

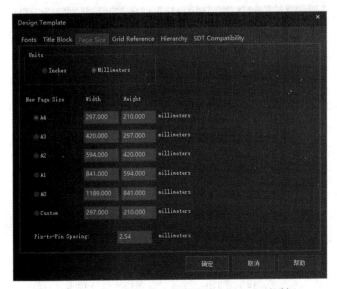

图6-138　"Design Template（设计向导）"对话框

（2）在"Page Size（页面设置）"选项卡中，在"Units（单位）"栏选择单位为"Millimeters（公制）"，页面大小选择"A4"。

（3）选择"Grid Reference（参考栅格）"选项卡，选择默认设置，在设置图纸栅格尺寸的时候，一般来说，捕捉栅格尺寸和可视栅格尺寸一样大，也可以设置捕捉栅格的尺寸为可视栅格尺寸的整数倍。电气栅格的尺寸应该略小于捕捉栅格的尺寸，因为只有这样才能准确地捕捉电气节点。如图6-139所示。

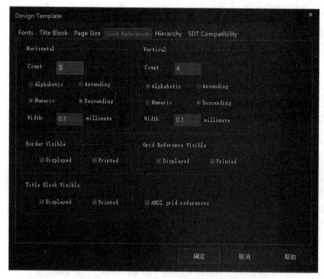

图6-139 "Grid Reference（参考栅格）"选项卡

（4）选择"Title Block（标题块）"选项卡，在该选项卡可以设置当前文件名、工程设计负责人、图纸校对者、图纸设计者、公司名称、图纸绘制者、设计图纸版本号和电路原理图编号等项，如图6-140所示。

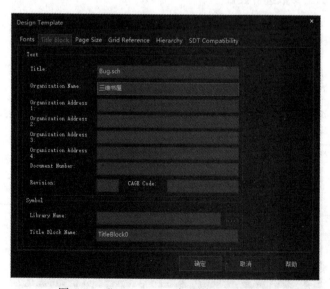

图6-140 "Title Block（标题块）"选项卡

（5）单击 确定 按钮，完成图纸属性设置。

3. 加载元件库

（1）在项目管理器窗口下，选中"Library"文件夹并单击鼠标右键，弹出快捷菜单，选择"Add File（添加文件）"命令，弹出如图6-141所示的"Add File to Project Folder-Library"对话框，选择库文件路径："X:\Cadence\Cadence_ SPB_17.4-2019\tools\capture\library"，加载所需库文件。

（2）单击 打开(O) 按钮，将选中的库文件加载到项目管理器窗口中"Library"文件夹上，如图6-142所示。

图6-141 选择元件库路径

图6-142 本例中需要的元件库

4. 放置元件

单击"Draw Electrical"工具栏中的"Place part（放置元件）"按钮 ，打开"Place Part（放置元件）"面板，在该面板中选择要添加的元件。

（1）放置电阻元器件。在"Place Part（放置元件）"面板中选择"DISCRETE（分立式元件库）"，在元器件过滤列表框中输入"R2"，在元件预览窗口中显示符合条件的元器件R2，如图6-143所示，将元器件放置到图纸空白处。

（2）放置无极性电容元器件。在"Place Part（放置元件）"面板中选择"DISCRETE（分立式元件库）"，在元器件过滤列表框中输入"CAP NP"，在元件预览窗口中显示符合条件的元器件，如图6-144所示。将元器件放置到图纸空白处。

（3）放置可调电容元器件。在"Place Part（放置元件）"面板中选择"DISCRETE（分立式元件库）"，在元器件过滤列表框中输入"CAPAOTOR VAR"，在元件预览窗口中显示符合条件的元器件，如图6-145所示。将元器件放置到图纸空白处。

（4）放置电源元器件。在"Place Part（放置元件）"面板中选择"DISCRETE（分立式元件库）"，在元器件过滤列表框中输入"BATTERY"，在元件预览窗口中显示符合条件的元器件，如图6-146所示，将元器件放置到图纸空白处。

图6-143 选择电阻元件

图6-144　选择无极性电容元件

图6-145　选择可调电容器

图6-146　选择电源元件

（5）放置话筒元器件。在"Place Part（放置元件）"面板中选择"ELECTRO MECHANICAL（电机类元件库）"，在元器件过滤列表框中输入"MICROPHONE"，在元件预览窗口中显示符合条件的元器件，如图6-147所示。将元器件放置到图纸空白处。

（6）放置天线元器件。在"Place Part（放置元件）"面板中选择"DISCRETE（分立式元件库）"，在元器件过滤列表框中输入"ANTENNA"，在元件预览窗口中显示符合条件的元器件，如图6-148所示。将元器件放置到图纸空白处。

（7）放置开关元器件。在"Place Part（放置元件）"面板中选择"DISCRETE（分立式元件库）"，在元器件过滤列表框中输入"SW SPST"，在元件预览窗口中显示符合条件的元器件，如图6-149所示，将元器件放置到图纸空白处。

图6-147　选择话筒元件

图6-148　选择元天线元件

图6-149　选择开关元件

（8）放置电感元器件。在"Place Part（放置元件）"面板中选择"DISCRETE（分立式元件库）"，在元器件过滤列表框中输入"INDUCTOR"，在元件预览窗口中显示符合条件的元器件，如图6-150所示。将元器件放置到图纸空白处。

（9）放置三极管元器件。在"Place Part（放置元件）"面板中选择"TRANSISTOR（晶体管元件库）"，在元器件过滤列表框中输入"BC547"，在元件预览窗口中显示符合条件的元器件，如图6-151所示。将元器件放置到图纸空白处。

图6-150　选择电感元件

图6-151　选择三极管元件

完成上述元件的放置，如图6-152所示。

图6-152　原理图中所需的元件

5. 元件布局

选中元件，单击鼠标左键拖动元件，将元件放置在对应的位置，同时对元件属性进行设置，结果如图6-153所示。

R3
R2

R4
R2

C4
CAP NP

L1
INDUCTOR

E1
ANTENNA

SW1
SW SPST

R1
R2

C2
CAP NP

R2
R2

Q2
BC547

C6

C5
CAP NP

C1
CAP NP

Q1
BC547

CAPACITOR VAR

BT1
BATTERY

MK1

1
2

MICROPHONE

C3
CAP NP

R5
R2

图6-153　完成元件布局

6. 编辑元器件属性

在图纸上放置完元器件后，用户要对每个元器件的属性进行编辑，包括元器件标识符、序号、型号等。

（1）编辑元件值。双击电阻元件的元件值R2，弹出"Display Properties（显示属性）"对话框，在"Value（值）"文本框中修改元件值为22k，如图6-154所示。单击 OK 按钮，退出对话框，完成修改。

> **注意**
>
> 电阻R的单位为Ω，由于在网络表过程中不识别该字符，因此原理图在创建过程中不标注该符号。同时，电容C单位其中有μ，该符号同样不识别，若有用到时，输入u替代。

（2）设置元件值显示。双击天线元件E1的元件值ANTENNA，弹出"Display Properties（显示属性）"对话框，选择"Do Not Display（不显示）"单选钮，如图6-155所示。单击 OK 按钮，退出对话框，在图纸上不显示该元件值。

图6-154　修改元件值

图6-155　设置元件值

用同样的方法设置原理图中其余元件，设置好元器件属性的电路原理图如图6-156所示。

图6-156　设置好元器件属性后的结果

7. 元件布线

选择菜单栏中的"Place（放置）"→"Wire（导线）"命令或单击"Draw Electrical"工具栏中的"Place wire（放置导线）"按钮，在原理图上布线，如图6-157所示。

图6-157　完成原理图布线

8. 文本注释

选择菜单栏中的"Place（放置）"→"Text（文本）"命令，或单击"Draw Graphical"工具栏中的"Place text（放置文本）"按钮![ABC]，启动放置文本字命令后，弹出如图6-158所示的"Place Text（放置文本）"对话框，在空白栏中输入要标注的文本，单击下方的![Change...]按钮，系统将弹出字体设置对话框，用户可以在里面设置文字大小，如图6-159所示。

单击![确定]按钮，完成字体设置。

单击![OK]按钮后，光标上带有一个矩形方框。移动光标至需要添加文字说明处，单击鼠标左键即可放置文本。最终结果如图6-160所示。

图6-158　文本属性设置对话框

图6-159　"字体"对话框

图6-160　文本的放置

9. 放置原理图符号

选择菜单栏中的"Place（放置）"→"Picture（图片）"命令，弹出选择图片对话框，选择图片"TITLE.JPG"，单击![打开(O)]按钮，将图片添加到原理图中。

光标附有一个浮动的图片，移动光标到指定位置，单击鼠标左键，确定放置，如图6-161所示。

图6-161 放置图片

选中图片，在图片四周显示可调整的夹点，适当缩放图片，结果如图6-162所示。

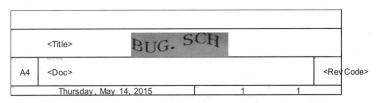

图6-162 缩放图片

至此，完成原理图绘制。

在本例的设计中，主要介绍了原理图的标注。可以在原理图中进行注释，也可在标题栏中进行注释，这些原理图符号给原理图设计带来了更大的灵活性，应用它们，可以给设计工作带来极大的便利。

6.4.3 电源开关电路设计

1. 建立工作环境

（1）在Cadence主界面中，选择菜单栏中的"File（文件）"→"New"（新建）→"Project（工程）"命令或单击"Capture"工具栏中的"Create document（新建文件）"按钮，弹出如图6-163所示的"New Project（新建工程）"对话框，在"Location（路径）"文本框中设置新建工程文件的保存路径，在"Name（名称）"文本框中输入新建的工程文件名称"Power Switch"，单击 OK 按钮，完成工程文件的创建。

扫码看视频

图6-163 "New Project（新建工程）"对话框

（2）在该工程文件夹下，默认创建图纸文件SCHEMATIC1，在该图纸子目录下自动创建原理图页PAGE1，如图6-164所示。

（3）选中图纸页文件PAGE1，选择菜单栏中的"Design（设计）"→"Rename（重命名）"命令，或单击鼠标右键选择快捷菜单中的"Rename（重命名）"命令，弹出如图6-165所示的"Rename Page（重命名图页）"对话框，在"Name（名称）"文本框中输入选中的图页文件名称"Switch"，单击 OK 按钮，完成原理图页文件的重命名。

图6-164 创建工程文件

图6-165 "Rename Page（重命名图页）"对话框

（4）选中图纸文件SCHEMATIC1，选择菜单栏中的"Design（设计）"→"New Schematic Page（新建图纸文件）"命令，或单击右键选择快捷菜单中的"New Page（新建图纸文件）"命令，弹出如图6-166所示的"New Page in Schematic（新建图页）"对话框，在"Name（名称）"文本框中输入选中的原理图文件名称"Power"，单击 OK 按钮，完成原理图图页文件的添加。

完成文件命名的项目管理器窗口显示如图6-167所示，双击原理图图页文件，进入原理图绘制环境，进行原理图的编辑。

图6-167 项目管理器窗口

图6-166 "New Page in Schematic（新建图页）"对话框

2. 自动存盘设置

Cadence支持文件的自动存盘功能。用户可以通过参数设置来控制文件自动存盘的细节。

选择菜单栏中的"Option（选项）"→"Autobackup（自动备份）"命令，打开"Multi-level Backup settings（备份设置）"对话框，如图6-168所示。在"Backup time（in Minutes）（备份间隔时间）"栏中输入每隔多少分钟备份一次，单击 Browse... 按钮，弹出图6-169所示的"Select Folder（选择文件夹）"对话框，设置保存的备份文件路径。

图6-168 "Multi-level Backup settings（备份设置）"对话框

图6-169　"Select Folder（选择文件夹）"对话框

设置好路径后，单击 选择文件夹 按钮，关闭"Select Folder（选择文件夹）"对话框，返回"Multi-level Backup settings（备份设置）"对话框，单击 OK 按钮，关闭该对话框。

3. 设置图纸参数

选择菜单栏中的"Options（选项）"→"Design Template（设计向导）"命令，系统将弹出"Design Template（设计向导）"对话框，选择"Page Size（页面设置）"选项卡，如图6-170所示。

在此选项卡中对图纸参数进行设置。在"Units（单位）"栏选择单位为Millimeters（公制），页面大小选择"A4"。单击"确定"按钮，完成图纸属性设置。

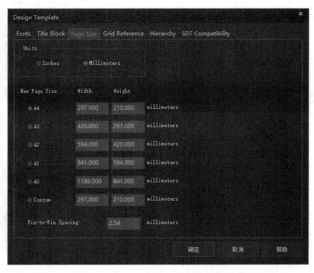

图6-170　"Design Template（设计向导）"对话框

4. 加载元件库

（1）在项目管理器窗口下，选中"Library"文件夹并单击鼠标右键，弹出快捷菜单，选择"Add File（添加文件）"命令，弹出如图6-171所示的"Add Files to Project Folder-Library"对话框，选择库文件路径"X:\ Cadence\Cadence_ SPB_17.4-2019\tools\capture\library"，加载所需库文件。

（2）单击 打开(0) 按钮，将选中的库文件加载到项目管理器窗口中"Library"文件夹上，如图6-172所示。

图6-171　选择元件库路径　　　　　　　图6-172　本例中需要的元件库

5. 编辑"Switch"原理图文件

（1）搜索元件

芯片NE555N在已有的库中没有，需要使用相似元件NE555来代替，首先需要查找元件NE555。

单击"Place Part（放置元件）"面板"Search for（查找）" ➕ ，显示搜索操作，在"Search（搜索）"文本框中输入"*ne555*"。单击"Part Search（搜索路径）"按钮🔍，系统开始搜索，在"Libraries（库）"列表下显示符合搜索条件的元件名、所属库文件，如图6-173所示。

（2）选中需要的元件NE555，单击 Add 按钮，在系统中加载该元件所在的库文件MiscLinear.olb，在"Libraries（库）"列表框中显示已加载该元件库，在"Part（元件）"列表框中显示该元件库中的元件，选中搜索的元件"NE555"，在面板中显示元件符号的预览，如图6-174所示。

图6-173　显示搜索结果　　　　　　　　　图6-174　查找元件

单击"Place Part（放置元件）"按钮🔲或双击元件名称，将选择的芯片NE555放置在原理图纸上，如图6-175所示。

（3）编辑元件

将相似芯片NE555修改为NE555N，新建原理图库文件过于繁琐，下面介绍一种简单方便的方法。

1）选中NE555，如图6-176所示，选择右键命令"Edit Part（编辑元件）"，进入元件编辑环境，对该元件所有引脚位置进行修改，结果如图6-177所示。

图6-175　放置元件NE555　　　图6-176　元件NE555　　　图6-177　移动引脚位置

2）选中所有引脚，单击右键选择"Edit Pins（编辑引脚）"命令，弹出"Edit Pins（编辑引脚）"窗口，修改每个引脚的Name属性，把引脚名称改成与NE555N一致，如图6-178所示。

修改完成后的NE555如图6-179所示。

图6-178　"Edit Pins"窗口　　　　　　图6-179　修改后的芯片NE555

3）退出元件编辑环境，进入原理图绘制环境，双击元件名称NE555，在弹出的对话框中输入NE555N，修改元件名称，如图6-180所示。至此完整地在现有元件的基础上创建了一个新的元件，该元件只适用于当前设计项目，元件最终结果如图6-181所示。

图6-180　修改元件名称　　　　　　图6-181　元件最终结果

（4）放置外围元件。打开"Place Part（放置元件）"面板，在当前元器件库名称栏中选择"DISCRETE"元件库，选择放置电阻、电容、二极管、三极管元件，结果如图6-182所示。

（5）元件布局

按照电路要求对电路图进行布局操作，设置好元器件属性的电路原理图如图6-183所示。

图6-182　元件放置结果　　　　　　　　　　图6-183　原理图布局结果

（6）元件布线

选择菜单栏中的"Place（放置）"→"Wire（导线）"命令或单击"Draw Electrical"工具栏中的"Place wire（放置导线）"按钮，在原理图上布线，结果如图6-184所示。

（7）放置电源符号

选择菜单栏中的"Place（放置）"→"Power（电源）"命令或单击"Draw Electrical"工具栏中的"Place power（放置电源）"按钮，弹出图6-185所示的"Place Power（放置电源）"对话框，在该对话框中选择普通电源符号，修改显示名称为"Vin"，向原理图中放置电源符号，完成的原理图如图6-186所示。

图6-184　布线结果　　　　　　　　图6-185　"Place Power（放置电源）"对话框

（8）放置页间连接符

选择菜单栏中的"Place（放置）"→"Off-Page Connector（页间连接符）"命令，或单击"Draw Electrical"工具栏中的"Place off-page connector（放置页间连接符）"按钮，弹出图6-187所示的"Place Off-Page Connector（放置页间连接符）"对话框。

图6-186　完成电源符号的放置

图6-187　"Place Off-Page Connector（放置页间连接符）"对话框

选择节点在右的页间连接符，在"Name"栏输入名称"GND"，单击 OK 按钮，退出对话框，单击鼠标左键完成页间连接符放置，此时鼠标仍处于放置页间连接符的状态，重复操作，放置其他的页间连接符，按<R>键旋转页间连接符，结果如图6-188所示。

图6-188　放置页间连接符

双击右侧连接符名称，弹出属性编辑对话框，分别修改页间连接符名称为DISCHG、OUT，如图6-189所示。

图6-189 "Display Properties"对话框

至此，完成原理图设计，最终结果图如图6-190所示。

图6-190 原理图绘制结果

6. 编辑"Power"原理图文件

双击打开"Power"原理图文件，进入原理图编辑环境。

（1）放置元件

打开"Place Part（放置元件）"面板，将找到的元件一一放置在原理图中，如图6-191所示。

（2）元件布局

按照电路要求对电路图进行布局操作，如图6-192所示。

图6-191 原理图中所需的元件   图6-192 原理图布局结果

（3）元件布线

选择菜单栏中的"Place（放置）"→"Wire（导线）"命令或单击"Draw Electrical"工具栏中的"Place wire（放置导线）"按钮 ，在原理图上布线，结果如图6-193所示。

图6-193 布线结果

选择菜单栏中的"Place（放置）"→"Power（电源）"命令或单击"Draw Electrical"工具栏中的"Place power（放置电源）"按钮 ，弹出如图6-194所示的"Place Power（放置电源）"对话框，在该对话框中选择普通电源符号，修改显示名称为"V0"，向原理图中放置电源符号，完成的原理图如图6-195所示。

图6-194 "Place Power（放置电源）"对话框

图6-195 完成电源符号的放置

7. 放置页间连接符

选择菜单栏中的"Place（放置）"→"Off-Page Connector（页间连接符）"命令，或单击"Draw Electrical"工具栏中的"Place Off-page connector（放置页间连接符）"按钮，弹出如图6-196所示的"Place Off-Page Connector（放置页间连接符）"对话框。

选择节点在右的页间连接符，单击 OK 按钮，退出对话框，单击鼠标左键完成页间连接符放置，修改页间连接符名称后的结果如图6-197所示。

图6-196 "Place Off-Page Connector（放置页间连接符）"对话框

图6-197 放置页间连接符

8. 添加元器件属性

打开项目管理器，选中SCHEMATIC1，选择菜单栏中的"Edit（编辑）"→"Object Properties（目标属性）"命令，或单击右键弹出快捷菜单选择"Edit Object Properties（编辑目标属性）"命令，弹出"Property Editor（属性编辑）"窗口，如图6-198所示。

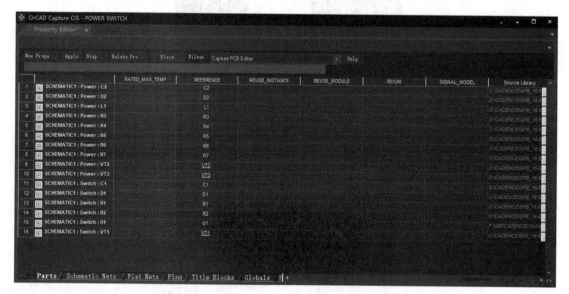

图6-198 "Property Editor（属性编辑）"窗口

选择"Parts（元件）"选项卡，按照表2-1为两个原理图页中的元件添加PCB Footprint属性，如图6-199所示。

表2-1 元件属性

编号	注释/参数值	封装形式
C1	0.01μF	RAD-0.3
C2	47μF	POLAR0.8
D1	DIODE ZENER	DIODE-0.7
D2	Diode	SMC
L1	1mH	0402-A
R1	10k	AXIAL-0.4
R2	10k	AXIAL-0.4
R3	4.7k	AXIAL-0.4
R4	1k	AXIAL-0.4
R5	4.7k	AXIAL-0.4
R6	270	AXIAL-0.4
R7	120	AXIAL-0.4
U1	NE555N	DIP8
VT1	L14C1/TO	TO-92A
VT2	2N3904	T0-92A
VT3	2N3906	T0-92A

图6-199 属性修改结果

原理图修改结果如图6-200和图6-201所示。

图6-200 Power原理图

图6-201　Switch原理图

6.4.4　串行显示驱动器PS7219及单片机的SPI接口

扫码看视频

在单片机的应用系统中，为了便于人们观察和监视单片机的运行情况，常常需要用显示器显示运行的中间结果及状态等，因此显示器往往是单片机系统必不可少的外部设备之一。PS7219是一种新型的串行接口的8位数字静态显示芯片，它是由武汉力源公司新推出的24脚双列直插式芯片，采用流行的同步串行外设接口（SPI），可与任何一种单片机方便地进行接口，并可同时驱动8位LED。这一节，我们就以显示驱动器PS7219及单片机的SPI接口电路为例，继续介绍电路原理图的绘制。

在本例中，将主要学习总线和总线分支的放置方法。总线就是由若干条性质相同的线组成的一组线束，例如平时会经常接触到的数据总线、地址总线等。总线和导线有着本质上的区别，总线本身是没有任何电气连接意义的，必须由总线接出的各条导线上的网络标号来完成电气连接，所以使用总线的时候，常常需要和总线分支配合使用。

1．建立工作环境

在Cadence主界面中，选择菜单栏中的"File（文件）"→"New"（新建）→"Project（工程）"命令或单击"Capture"工具栏中的"Create document（新建文件）"按钮▇，弹出如图6-202所示的"New Project（新建工程）"对话框，创建工程文件"Serial display driver PS7219 and MCU SPI interface.dsn"。在该工程文件夹下，默认创建图纸文件SCHEMATIC1，在该图纸子目录下自动创建原理图页PAGE1。

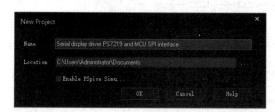

图6-202　"New Project（新建工程）"对话框

2. 设置图纸参数

选择菜单栏中的"Options（选项）"→"Design Template（设计向导）"命令，系统将弹出"Design Template（设计向导）"对话框，选择"Page Size（页面设置）"选项卡，如图6-203所示。

图6-203 "Design Template（设计向导）"对话框

在此对话框中对图纸参数进行设置。在"Units（单位）"栏选择单位为"Millimeters（公制）"，页面大小选择"A4"。单击"确定"按钮，完成图纸属性设置。

3. 加载元件库

选择菜单栏中的"Place（放置）"→"Part（元件）"命令或单击"Draw Electrical"工具栏中的"Place part（放置元件）"按钮 ，打开"Place Part（放置元件）"面板，在"Libraries（库）"选项组下加载需要的元件库CONNECTOR.OLB、DISCRETE.OLB、LINE DRIVER RECEIVER.OLB和ATOD.OLB。本例中需要加载的元件库如图6-204所示。

4. 查找元器件

图6-204 加载需要的元件库

单击"Place Part（放置元件）"面板"Search for（查找）" ，显示搜索操作，在"Search For（搜索）"文本框中输入"P80CL31"。单击"Part Search（搜索路径）"按钮 ，系统开始搜索，在"Libraries（库）"列表下显示符合搜索条件的元件名、所属库文件，如图6-205所示。

选中需要的元件P80CL31，单击 Add 按钮，在系统中加载该元件所在的库文件MicroController.olb，在"Libraries（库）"列表框中显示已加载元件库，在"Part List（元件列表）"列表框中显示该元件库中的元件，选中搜索的元件"P80CL31"，在面板中显示元件符号的预览。

单击"Place Part（放置元件）"按钮 或双击元件名称，将选择的芯片P80CL31放置在原理图纸上。

同样的方法搜索元件X25045，结果如图6-206所示。

图6-205　显示搜索结果

图6-206　搜索元件X25045

5．绘制元件Dpy Amber–CC和PS7219

Dpy Amber-CC为数码管元件，在Cadence所带的元件库中找不到它的原理图符号，所以需要自己绘制一个Dpy Amber-CC的原理图符号。

（1）新建一个原理图元件库。

1）选择菜单栏中的"File（文件）"→"New（新建）"→"Library（库）"命令，空白元件库被自动加入到工程中，在项目管理器窗口中"Library"文件夹上显示新建的库文件，默认名称为"Library1"，依次递增，后缀名为".old"。

2）选择菜单栏中的"Files（文件）"→"Save as（保存为）"命令，将新建的原理图库文件保存为"dpy.olb"，如图6-207所示。

图6-207　新建库文件

3）选择菜单栏中的"Design（设计）"→"New Part（新建元件）"命令或单击右键在弹出的快捷菜单中选择"New Part（新建元件）"命令，弹出如图6-208所示的"New Part Properties（新建元件属性）"对话框，输入元件名为Dpy Amber-CC，在该对话框中可以设置元件名称、索引标示、封装名称等参数。

4）单击 OK 按钮，关闭对话框，进入元件编辑环境，如图6-209所示。

图6-208　"New Part Properties（新建元件属性）"对话框

图6-209　元件编辑窗口

（2）绘制元件外框。

首先适当调整虚线框，适当调大，选择菜单栏中的"Place（放置）"→"Rectangle（矩形）"命令或单击"Draw Graphical"工具栏中的"Place rectangle（放置矩形）"按钮，沿虚线边界线绘制矩形，如图6-210所示。

（3）绘制七段发光二极管。

选择菜单栏中的"Place（放置）"→"Line（线）"命令，或单击"Draw Graphical"工具栏中的"Place line（放置线）"按钮，这时鼠标变成十字形状。系统处于绘制直线状态，在图纸上绘制一个如图6-211所示的"日"字形发光二极管，在原理图符号中用直线来代替发光二极管。

选择直线，在右侧如图6-212所示的属性编辑面板中，将直线的宽度设置为Medium，结果如图6-213所示。

图6-210　绘制元件外形

图6-211　在图纸上放置二极管

图6-212　设置直线属性

（4）设置栅格。

选择菜单栏中的"Options（选项）"→"Preferences（优先设置）"命令，系统将弹出"Preferences（优先设置）"对话框，选择"Grid Display（网格显示）"选项卡，取消勾选"Pointer snap to grid（捕捉栅格）"复选框，如图6-214所示，取消栅格捕捉。

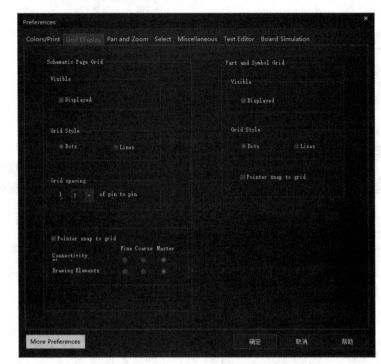

图6-213　设置线宽　　　　　　　　　图6-214　"Grid Display（网格属性）"对话框

（5）绘制小数点。

选择菜单栏中的"Place（放置）"→"Rectangle（矩形）"命令或单击"Draw Graphical"工具栏中的"Place rectangle（放置矩形）"按钮，在二极管右侧绘制适当大小小矩形，如图6-215所示。

选择小矩形，在右侧如图6-216所示的属性编辑面板中，设置矩形的填充样式为Solid，填充效果如图6-217所示。

图6-215　绘制小数点　　　　　图6-216　设置填充样式　　　　　图6-217　矩形填充效果

（6）放置引脚。

选择菜单栏中的"Place（放置）"→"Pin Array（阵列引脚）"命令，弹出图6-218所示的"Place Pin Array（放置阵列引脚）"对话框，设置阵列引脚属性。

单击 OK 按钮，选择默认设置。

（7）此时光标上带有一组引脚的浮动虚影，移动光标到目标位置，单击鼠标左键就可以将该引脚放置到图纸上，按照要求将阵列的引脚放置到矩形外框两侧，结果如图6-219所示。

图6-218　"Place Pin Array（放置阵列引脚）"对话框

图6-219　所有引脚布局完成

（8）编辑引脚属性。

选择引脚，在右侧属性编辑面板中，进行设置，如图6-220所示，同理设置其余引脚属性，最后得到如图6-221所示的元件符号图。

图6-220　设置引脚属性

图6-221　所有引脚放置完成

> **提示**
>
> 在 Cadence 中，引脚名称上的横线表示该引脚负电平有效。在引脚名称上添加横线的方法是在输入引脚名称时，每输入一个字符后，紧跟着输入一个"\"字符，例如要在 OE 上加一个横线，就可以将其引脚名称设置为"O\E\"。

（9）编辑元件参数。在工作区选择"Value"，弹出"Property Sheet"面板，将元件的注释设置为Dpy Amber-CC，如图6-222所示。

（10）按回车键，完成元件属性设置，这样，Dpy Amber-CC元件便设计完成了，如图6-223所示。

图6-222　设置元件属性

Dpy Amber-CC

图6-223　编辑元件的属性信息

（11）绘制元件PS7219。

1）选择菜单栏中的"Design（设计）"→"New Part（新建元件）"命令或单击鼠标右键在弹出的快捷菜单中选择"New Part（新建元件）"命令，弹出如图6-224所示的"New Part Properties（新建元件属性）"对话框，输入元件名为PS7219，在该对话框中可以添加元件名称、索引标示。

2）单击 OK 按钮，关闭对话框，进入元件编辑环境。

图6-224　"New Part Properties（新建元件属性）"对话框

（12）绘制元件外框。

首先适当调整虚线框，适当调大，选择菜单栏中的"Place（放置）"→"Rectangle（矩形）"命令或单击"Draw Graphical"工具栏中的"Place rectangle（放置矩形）"按钮▣，沿虚线边界线绘制矩形，如图6-225所示。

（13）放置引脚。

选择菜单栏中的"Place（放置）"→"Pin Array（阵列引脚）"命令，弹出如图6-226所示的"Place Pin Array（放置阵列引脚）"对话框，设置阵列引脚属性。

单击 OK 按钮，选择默认设置。

（14）此时光标上带有一组引脚的浮动虚影，移动光标到矩形左侧，单击鼠标左键就可以将该引脚放置到图纸上，在矩形右侧单击放置引脚组，结果如图6-227所示。

图6-225　绘制元件外形　图6-226　"Place Pin Array（放置阵列引脚）"对话框　　图6-227　放置引脚

（15）编辑引脚属性。

选择引脚，在右侧属性编辑面板中设置属性，如图6-228所示，然后设置其余引脚属性，最后得到如图6-229所示的元件符号图。

（16）编辑元件参数。在工作区选择"Value"，弹出"Property Sheet"面板，将元件的注释设置为PS2719，如图6-230所示。

图6-228　设置引脚属性　　　　图6-229　编辑引脚　　　　　图6-230　设置元件属性

（17）按回车键，完成元件属性设置，如图6-231所示，保存元件。

打开项目管理器，在DPY.OLB元件库下包含两个元件，如图6-232所示。

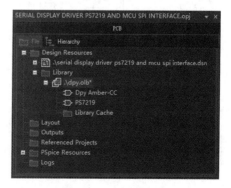

图6-231　编辑元件的属性信息　　　　　　图6-232　项目管理器

6. 放置元件

打开"Place Part（放置元件）"面板，在当前元器件库列表栏中选择新建的"DPY"，在元器件列表中选择自己绘制的Dpy Amber-CC、PS7219原理图符号，将其放置到原理图纸上，如图6-233和图6-234所示。

图6-233　选择元器件Dpy Amber-CC

图6-234　选择元器件PS7219

放置外围元件。在"DISCRETE.OLB"元件库中找出R2、CAP NP、ZTA，然后将它们都放置到原理图中，再对这些元件进行布局，布局的结果如图6-235所示。

图6-235　元件放置完成

7. 绘制总线

（1）选择菜单栏中的"Place（放置）"→"Bus（总线）"命令或单击"Draw Electrical"工具栏中的"Place bus（放置总线）"按钮 ，也可以按下快捷键<B>，这时鼠标变成十字形状，激活总线操作。单击鼠标左键确定总线的起点，按住鼠标左键不放，拖动鼠标画出总线，将DPY.OLB库中的芯片Dpy Amber-CC上的引脚与PS7219芯片上的引脚连接起来，如图6-236所示。

图6-236　绘制总线

> **提示**
>
> 在绘制总线的时候，要使总线离芯片针脚有一段距离，这是因为还要放置总线分支，如果总线放置得过于靠近芯片针脚，则在放置总线分支的时候就会有困难。

（2）放置总线分支。

选择菜单栏中的"Place（放置）"→"Bus Entry（总线分支）"命令或单击"Draw Electrical"工具栏中的"Place bus entry（放置总线分支）"按钮 ，用总线分支将芯片的引脚和总线连接起来，如图6-237所示。

> **提示**
>
> 　　在放置总线分支的时候，总线分支朝向的方向有时是不一样的，例如在图6-237中，左边的总线分支向右倾斜，而右边的总线分支向左倾斜。在放置的时候，只需要按 <R> 键就可以改变总线分支的朝向，总线分支一端连接总线，另一端不能直接连接元件引脚，需要经过导线过渡。

图6-237　放置总线分支

8. 绘制导线

选择菜单栏中的"Place（放置）"→"Wire（导线）"命令或单击"Draw Electrical"工具栏中的"Place wire（放置导线）"按钮，绘制除了总线之外的其他导线，如图6-238所示。

9. 放置网络标签

选择菜单栏中的"Place（放置）"→"Net Alias（网络名）"命令或单击"Draw Electrical"工具栏中的"Place net alias（放置网络名）"按钮，弹出"Place Net Alias（放置网络名）"对话框，如图6-239所示。在该对话框中输入标签名称"RST"。

图6-238　完成布线

图6-239　编辑网络标签

单击 OK 按钮，将网络标签放置到导线上，结果如图6-240所示。

10. 添加接地、电源符号

选择菜单栏中的"Place（放置）"→"Ground（接地）"命令或单击"Draw Electrical"工具栏中的"Place ground（放置接地）"按钮，在弹出的对话框中选择接地、电源符号，然后向电路中添加接地、电源符号，如图6-241所示。

图6-240　完成放置网络标签

图6-241　添加原理图符号

11. 放置忽略ERC检查测试点

选择菜单栏中的"Place（放置）"→"No Connect（不连接）"命令或单击"Draw Electrical"工具栏中的"Place no connect（放置不连接符号）"按钮，放置忽略ERC检查测试点，如图6-242所示。

图6-242　放置忽略ERC检查测试点

在本例中，重点介绍了总线的绘制方法。总线需要有总线分支和网络标签来配合使用。总线的适当使用，可以使原理图更规范、整洁和美观。

6.4.5　存储器接口电路

本例主要讲述自下而上的层次原理图设计。在电路的设计过程中，有时候会出现一种情况，即事先不能确定端口的情况，这时候就不能将整个工程的母图绘制出来，因此自上而下的方法就不能胜任了。

扫码看视频

1. 新建原理图页

（1）在Cadence主界面中，选择菜单栏中的"File（文件）"→"New"（新建）→"Project（工

程）"命令或单击"Capture"工具栏中的"Create document（新建文件）"按钮█，弹出"New Project（新建工程）"对话框，创建工程文件"USB.dsn"，如图6-243所示。在该工程文件夹下，默认创建图纸文件SCHEMATIC1，在该图纸子目录下自动创建原理图页PAGE1。

（2）选中图纸页文件PAGE1，选择菜单栏中的"Design（设计）"→"Rename（重命名）"命令，或单击右键选择快捷菜单中的"Rename（重命名）"命令，弹出"Rename Page（重命名图页）"对话框，保存图页文件名称为"Storage"，完成原理图页文件的重命名。

（3）在项目管理器上选中"SCHEMATIC1"，单击右键弹出快捷菜单，选择"New Page（新建图页）"命令，弹出对话框，在"Name（名称）"文本框中显示新建页的名称"Addressing"，单击 OK 按钮，完成第2页原理图的创建，如图6-244所示。

图6-243 "New Project（新建工程）"对话框　　图6-244 新建页名称修改对话框

2. 绘制子原理图Storage

（1）在项目管理器中双击图页"Storage"，进入原理图编辑环境，按照前面讲解的方法摆放元件，如图6-245所示。

图6-245 在新建图页"Storage"上摆放元件

（2）选择菜单栏中的"Place（放置）"→"Hierarchical Port（电路端口）"命令或单击"Draw Electrical"工具栏中的"Place port（放置电路端口）"按钮，添加电路图I/O端口，弹出图6-246所示的对话框，选择左向端口，并将其放置到原理图中，输入名称OE，在图纸中放置端口，按<R>键旋转端口，在对应位置单击，完成放置。

> **提示**
>
> 　　可继续放置端口，在放置下一个端口过程中，需要修改端口名称，单击右键选择"Edit Properties（编辑属性）"命令，弹出图6-247所示的"Property Editor"窗口，在该对话框中修改端口参数。

图6-246　I/O端口对话框

用同样的方法放置其余端口，最终结果如图6-248所示。

图6-247　"Property Editor"窗口

图6-248　放置电路端口

（3）绘制导线。

选择菜单栏中的"Place（放置）"→"Wire（导线）"命令或单击"Draw Electrical"工具栏中的"Place wire（放置导线）"按钮 📶，绘制除了总线之外的其他导线，如图6-249所示。

图6-249　完成布线

（4）绘制总线。

选择菜单栏中的"Place（放置）"→"Bus（总线）"命令或单击"Draw Electrical"工具栏中的"Place bus（放置总线）"按钮 📶，也可以按下快捷键<B>，这时鼠标变成十字形状，激活总线操作，画好的总线如图6-250所示。

图6-250　绘制完成的总线

（5）放置总线分支。

选择菜单栏中的"Place（放置）"→"Bus Entry（总线分支）"命令或单击"Draw Electrical"工具栏中的"Place bus entry（放置总线分支）"按钮 📶，用总线分支将芯片的引脚和总线连接起来，在放置过程中按<R>键旋转总线分支，如图6-251所示。

图6-251   放置总线分支

（6）放置网络标签。

选择菜单栏中的"Place（放置）"→"Net Alias（网络名）"命令或单击"Draw Electrical"工具栏中的"Place net alias（放置网络名）"按钮，弹出"Place Net Alias（放置网络名）"对话框，如图6-252所示。在该对话框中输入标签名称A0。

单击 OK 按钮，这时鼠标上带有一个初始标号，移动鼠标光标，将网络标签放置到总线分支上，依次放置递增的网络标签，结果如图6-253所示。

图6-252   编辑网络标签

图6-253   完成放置网络标签

3. 绘制子原理图Addressing

（1）在项目管理器中在图页"Addressing"上双击，进入原理图编辑环境，按照前面讲解的方法摆放元件，如图6-254所示。

图6-254　在新建图页"Addressing"上摆放元件

（2）选择菜单栏中的"Place（放置）"→"Hierarchical Port（电路端口）"命令或单击"Draw Electrical"工具栏中的"Place port（放置电路端口）"按钮，添加电路图I/O端口，弹出端口选择对话框，并将选择的端口放置到原理图中，用同样的方法放置其余端口，最终结果如图6-255所示。

图6-255　放置电路端口

（3）选择菜单栏中的"Place（放置）"→"Wire（导线）"命令或单击"Draw Electrical"工具栏中的"Place wire（放置导线）"按钮，连接接地符号与对应接线端，至此完成原理图绘制，如图6-256所示。

图6-256　连接电路图

（4）选择菜单栏中的"Place（放置）"→"Net Alias（网络名）"命令或单击"Draw Electrical"工具栏中的"Place net alias（放置网络名）"按钮，弹出"Place Net Alias（放置网络名）"对话框，将网络标签放置到导线上，依次放置递增的网络标签，结果如图6-257所示。

图6-257　完成放置网络标签

4. 生成层次块元件

（1）打开项目管理器窗口，选中图纸页文件Addressing，选择菜单栏中的"Tools（工具）"→"Generate Part（生成图表符元件）"命令，弹出如图6-258所示的"Generate Part（生成图表符元件）"对话框，在"Part name（元件名称）"文本框输入层次块名称Addressing，其余选项选择默认，单击 OK 按钮，完成层次块设置。

（2）弹出如图6-259所示的对话框，设置层次块元件的引脚信息，单击 Save 按钮，关闭对话框，完成子原理图到层次块的转换。

图6-258 "Generate Part（生成图表符元件）"对话框

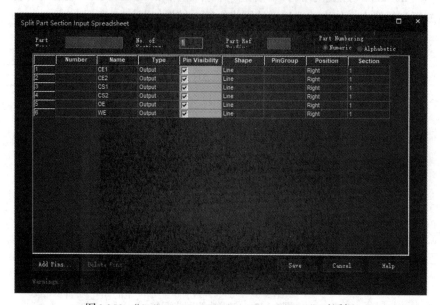

图6-259 "Split Part Section Input Spreadsheet"对话框

（3）选中图纸页文件Storage，选择菜单栏中的"Tools（工具）"→"Generate Part（生成图表符元件）"命令，弹出如图6-260所示的"Generate Part（生成图表符元件）"对话框，在"Part name（元件名称）"文本框输入层次块名称Storage，其余选项选择默认，单击 OK 按钮，完成层次块设置。

（4）弹出如图6-261所示的对话框，设置层次块元件的引脚信息，单击 Save 按钮，关闭对话框，完成子原理图到层次块的转换。

在项目管理器下显示生成的元件库下的两个层次块元件，如图6-262所示。

图6-260　"Generate Part（生成图表符元件）"对话框

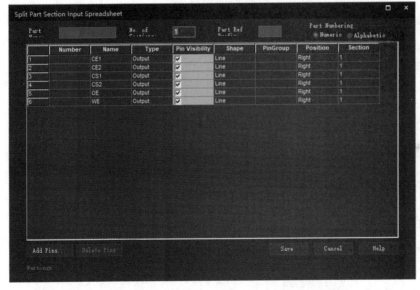

图6-261　"Split Part Section Input Spreadsjeet"对话框

图6-262　项目管理器

5. 绘制顶层电路图

（1）在项目管理器上选中"SCHEMATIC1"，单击鼠标右键弹出快捷菜单，选择"New Page（新建图页）"命令，弹出如图6-263所示的对话框，在"Name（名称）"文本框中输入新建页的名称TOP，单击　OK　按钮，完成第3页原理图的创建。

（2）双击图页TOP，进入原理图编辑环境。在"Place Part（放置元件）"面板"Libraries（库）"选项组下显示系统自动加载的转换的层次块元件，并保存在与当前项目文件名称同名的元件库中，如图6-264所示。

图6-263　新建页名称修改对话框　　　　图6-264　"Place Part（放置元件）"面板

（3）将该库中的层次块放置到原理图中，结果如图6-265所示。

图6-265　放置层次块元件

（4）选择菜单栏中的"Place（放置）"→"Wire（导线）"命令或单击"Draw Electrical"工具栏中的"Place wire（放置导线）"按钮，连接原理图，如图6-266所示。

图6-266　完成原理图绘制

6.4.6　声控变频器电路

在层次化原理图中，表达子图之间的原理图被称为母图，首先按照不同的功能将原理图划分成一些子模块放在母图中，采取一些特殊的符号和概念来表

扫码看视频

示各张原理图之间的关系。本例主要讲述自顶向下的层次原理图设计，完成层次原理图设计方法中母图和子图设计。

1. 新建原理图页

（1）在Cadence主界面中，选择菜单栏中的"File（文件）"→"New（新建）"→"Project（工程）"命令或单击"Capture"工具栏中的"Create document（新建文件）"按钮■，弹出"New Project（新建工程）"对话框，创建工程文件"Transducer.dsn"，如图6-267所示。在该工程文件夹下，默认创建图纸文件SCHEMATIC1，在该图纸子目录下自动创建原理图页PAGE1。

（2）选中图纸页文件PAGE1，选择菜单栏中的"Design（设计）"→"Rename（重命名）"命令，或单击右键选择快捷菜单中的"Rename（重命名）"命令，弹出"Rename Page（重命名图页）"对话框，保存图页文件名称为"Top"，完成原理图页文件的重命名，如图6-268所示。

图6-267 "New Project"对话框

图6-268 "Rename Page（重命名图页）"对话框

2. 放置层次块

（1）选择菜单栏中的"Place（放置）"→"Hierarchical Block（图表符）"命令，弹出如图6-269所示的对话框，在"Reference（参考）"文本框输入"Power"，下面的"Implementation Type（内层电路类型）"栏中从下拉菜单中选择"Schematic View"，在"Implementation name（内层电路图名）"文本框输入"Power.SCH"。

单击■ OK ■按钮，关闭对话框，放置图表符Power。

（2）选择菜单栏中的"Place（放置）"→"Hierarchical Block（图表符）"命令，弹出如图6-270所示的对话框，在"Reference（参考）"文本框输入"FC"，下面的"Implementation Type（内层电路类型）"栏中从下拉菜单中选择"Schematic View"，在"Implementation name（内层电路图名）"文本框输入"FC.SCH"。

图6-269 放置图表符对话框

图6-270 放置图表符对话框

单击 OK 按钮，关闭对话框，放置图表符FC，如图6-271所示。

（3）选中"Power"图表符，选择菜单栏中的"Place（放置）"→"Hierarchical Pin（图纸入口）"命令，或者单击"Draw Electrical"工具栏中的"Place H Pin（放置图纸入口）"按钮 ，添加图纸入口，弹出如图6-272所示的对话框，在"Name（名称）"栏输入图纸入口名称，单击 OK 按钮，在"Power"的图表符内放置图纸入口。

图6-271　放置图表符　　　　　　　图6-272　"Place Hierarchical Pin（放置图纸入口）"对话框

用同样的方法，放置其余图纸入口，结果如图6-273所示。

3. 原理图设计

选择菜单栏中的"Place（放置）"→"Wire（导线）"命令或单击"Draw Electrical"工具栏中的"Place wire（放置导线）"按钮 ，对原理图进行布线操作，结果如图6-274所示。

图6-273　放置图纸入口　　　　　　　　　　图6-274　绘制结果

4. 生成子原理图

（1）选中"Power"层次块，单击鼠标右键，选择"Descend Hierarchy（生成下层电路层）"命令，弹出如图6-275所示的对话框，系统会自动创建一个电路图文件夹，在弹出的对话框中可以修改创建电路图文件夹的名称，在"Name（名称）"栏中输入"Power"，单击 OK 按钮，创建层次块"Power"对应的下层电路，如图6-276所示。

图6-275　修改下层电路图名称　　　　　　图6-276　Power层次块对应的下层电路

（2）用同样的方法创建层次块"FC"对应的子原理图，如图6-277所示。

（3）与此同时，在项目管理器中产生了新的电路图Power.SCH：Power和FC.SCH：FC，如图6-278所示。

图6-277　FC层次块对应的下层电路

图6-278　项目管理器窗口

5. 绘制子原理图Power

（1）在项目管理器中在图页"Power"上双击，进入原理图编辑环境，按照前面讲解的方法摆放元件，如图6-279所示。

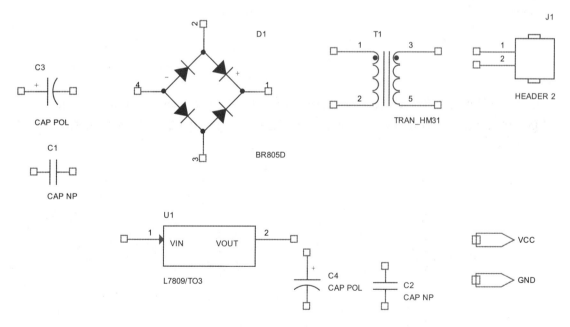

图6-279　摆放完成的元件

（2）选择菜单栏中的"Place（放置）"→"Wire（导线）"命令或单击"Draw Electrical"工具栏中的"Place wire（放置导线）"按钮，连接接地符号与对应接线端，如图6-280所示。

至此完成子原理图绘制。

图6-280　连接电路图

6. 绘制子原理图FC

（1）在项目管理器中在图页"FC"上双击，进入原理图编辑环境，按照前面讲解的方法摆放元件，如图6-281所示。

图6-281　在新建图页"FC"上摆放元件

（2）选择菜单栏中的"Place（放置）"→"Wire（导线）"命令或单击"Draw Electrical"工具栏中的"Place wire（放置导线）"按钮 ，连接接地符号与对应接线端，至此完成原理图绘制，如图6-282所示。

图6-282　完成图页"FC"绘制

6.4.7　扫描特性电路

1. 建立工作环境

（1）在Cadence主界面中，选择菜单栏中的"File（文件）"→"New"（新建）→"Project（工程）"命令或单击"Capture"工具栏中的"Create document（新建文件）"按钮▣，弹出如图6-283所示的"New Project（新建工程）"对话框，勾选"Enable PSpice Simu"复选框，输入文件名称为"Scanning Properties.dsn"。

扫码看视频

（2）单击 OK 按钮，弹出如图6-284所示的"Create PSpice Project"对话框，选择"Create a blank project"单选钮，单击 OK 按钮，进入项目管理器状态。

在该工程文件夹下，默认创建图纸文件SCHEMATIC1，在该图纸子目录下自动创建原理图页PAGE1。

图6-283　"New Project（新建工程）"对话框

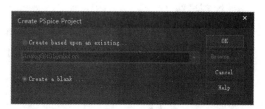

图6-284　"Create　Pspice Project"对话框

2. 设置图纸参数

选择菜单栏中的"Options（选项）"→"Design Template（设计向导）"命令，系统将弹出"Design Template（设计向导）"对话框，选择"Page Size（页面设置）"选项卡，如图6-285所示。

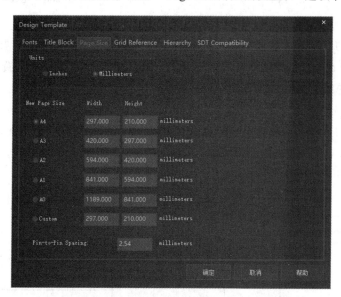

图6-285　"Design Template（设计向导）"对话框

在此选项卡中对图纸参数进行设置。在"Units（单位）"栏选择单位为"Millimeters（公制）"，页面大小选择"A4"。单击"确定"按钮，完成图纸属性设置。

3. 加载元件库

选择菜单栏中的"Place（放置）"→"Part（元件）"命令或单击"Draw Electrical"工具栏中的"Place part（放置元件）"按钮，打开"Place Part（放置元件）"面板，在"Libraries（库）"选项组下加载需要的元件库DISCRETE.OLB、SOURCE.OLB，如图6-286所示。

图6-286　加载需要的元件库

4. 放置元件

（1）选择"Place Part（放置元件）"面板，在其中浏览刚刚加载的元件库Source.OLB，将库中的正弦电压源VSIN放置到原理图上。

（2）在DISCRETE.OLB库中找到RESISTOR VAR、CAP NP和Inductor，然后将它们都放置到原理图中，再对这些元件进行布局，布局的结果如图6-287所示。

5. 绘制导线

选择菜单栏中的"Place（放置）"→"Wire（导线）"命令或单击"Draw Electrical"工具栏中的"Place wire（放置导线）"按钮，绘制除了总线之外的其他导线，如图6-288所示。

图6-287　元件放置　　　　　　　　　图6-288　完成布线

6. 放置网络标签

选择菜单栏中的"Place（放置）"→"Net Alias（网络名）"命令或单击"Draw Electrical"工具栏中的"Place net alias（放置网络名）"按钮，弹出"Place Net Alias（放置网络名）"对话框，将网络标签放置到总线分支上，结果如图6-289所示。

7. 添加接地符号

选择菜单栏中的"Place（放置）"→"Ground（接地）"命令或单击"Draw Electrical"工具栏中的"Place ground（放置接地）"按钮，在弹出的对话框中选择接地符号，然后向电路中添加接地符号，如图6-290所示。

图6-289　完成放置网络标签　　　　　图6-290　完成的原理图

第 7 章

原理图的后续处理

学习了原理图绘制的方法和技巧后，接下来介绍原理图的后续处理，如设计规则检查、报表文件的生成，只有经过层层检查，设计出符合需要和规则的电路原理图，才能对其顺利进行仿真分析，最终变为可以用于生产的 PCB 印制电路板文件。

 ✦ 设计规则检查

 ✦ 报表输出

 ✦ 打印输出

7.1 设计规则检查

完成原理图绘制后，需要进行DRC检查，即进行设计规则检查，对原理图通篇检查，确认电气连接正确、逻辑功能正确、电源连接正确。

选择菜单栏中的"PCB"→"Design Rules Check（设计规则检查）"命令或单击"Capture"工具栏中的"Design rule check（设计规则检查）"按钮，打开"Design Rules Check（设计规则检查）"对话框，如图7-1所示，该对话框包括"Options（选项）"选项卡、"Rules Setup（规则设置）"选项卡、"Report Setup（报告设置）"选项卡、"ERC Matrix（ERC矩阵）"选项卡和"Exception Setup（异常设置）"选项卡。

图7-1 "Design Rules Check（设计规则检查）"对话框

下面对部分选项卡进行介绍。

1. "Options（选项）"选项卡

（1）Online DRC：在该选项下只需要选择"On"，即可开启。

（2）DRC Action：DRC操作定义在何处运行DRC，或者删除DRC标记。

（3）Use Properties（mode）：DRC模式，默认为实例。

（4）Warning：出现警告时的处理方法。

（5）Waived DRC：已放弃的DRC处理。

（6）Show DRC Outputs：DRC的结果输出位置。

（7）Report：DRC报表输出位置。

2. "Rules Setup（规则设置）"选项卡

（1）在"Electrical Rules（电气规则）"选项组中，设置要检查的电气规则。

- check single node nets：检查单节点网络。
- check no driving source and Pin type conflicts：检查驱动接收等Pin Type的特性，这些在高速仿真时会用到。
- check duplicate net names：检查重复的网络名称。
- check off-page connector connections：检查跨页连接的正确性。

- check hierarchical port connections：检查层次图的连接性。

- check unconnected bus net：检查未连接的总线网络。

- check unconnected pins：检查未连接的引脚。

如图7-2所示。

图7-2　"Rules Setup（规则设置）"选项卡

（2）在"Physical Rules（物理规则）"选项组中，设置要检查的物理规则。

- Check power pin visibility：检查电源引脚的可视性。

- Check missing/illegal PCB footprint property：检查缺失或者不符合规则的PCB封装库定义。

- Check normal convert view sync：检查不同视图下的Pin numbers的一致性。

- Check incorrect Pin_Group assignment：检查Pin_Group属性的正确性。

- Check high speed props syntax：检查高速props语法有无错误。

- Check missing pin numbers：检查是否有丢失的Pin numbers。

- Check device with zero pins：检查零引脚装置。

- Check power ground short：检查电源、地短接。

- Check name prop consisrency：检查名称属性的一致性。

（3）在"Custom DRC（自定义DRC）"选项组中，设置自定义的DRC。

- Device Pin Mismatch：设备引脚不匹配。

- Hanging Wires：悬挂导线。

- Overlapping Wires：重叠导线。

- Part Reference Prefix Mismatch：零件参考前缀不匹配。

- Port Pin Mismatch：端口引脚不匹配。

- Shorted Discrete Part：短路的分立器件。

- Invalid Pin Number：无效的引脚识别码。

- Physically Shorted PACK-SHORT：物理短路组件−短路。

3. "Report Setup（报告设置）"选项卡

（1）在"Electrical DRC Reports（电气DRC报告）"选项组中，设置电气DRC报告。

- Report all net names：列出所有网络的名称。
- Report off-grid objects：列出未放置在格点上的图件。
- Report hierarchical ports and off-page connectors：要求程序列出所有的电路端口连接器及电路图I/O端口。
- Report misleading tap connections：导出误导的分接连接。

（2）在"Physical DRC Reports（物理DRC报告）"选项组中，设置物理DRC报告。

- Report visible unconnected power pins：导出可见的未连接电源引脚。
- Report unused part package：导出未使用的部分封装。
- Report invalid refdes：导出无效的参考编号。
- Report indentical part references：导出相同元件的编号。

如图7-3所示。

图7-3 "Report Setup（报告设置）"选项卡

7.2 报表输出

Cadence具有丰富的报表功能，可以方便地生成各种不同类型的报表。创建元件报表的操作均是在项目管理窗口下进行的。

7.2.1 生成网络表

网络表有多种格式，通常为一个ASCII码的文本文件，网络表用于记录和描述电路中的各个元件的数据以及各个元件之间的连接关系。

绘制原理图的目的不只是按照电路要求连接元件，最终目的是要设计出电路板。要设计电路板，就必须建立网络表，对于Capture来说，生成网络表是它的一项特殊功能。在Capture中，可以生成多种格式的网络表，在Allegro中，网络表是进行PCB设计的基础。

只有正确的原理图才可以创建完整无误的网络表，从而进行PCB设计。而原理图绘制完成后，无法用肉眼直观地检查出错误，需要进行DRC检查、元件自动编号、属性更新等操作，完成这些步骤后，才可进行网络表的创建。

1．打开项目管理器窗口，并将其置为当前，选中需要创建网络表的电路图文件。

2．选择菜单栏中的"Tools（工具）"→"Create Netlist（创建网络表）"命令或单击"Capture"工具栏中的"Create netlist（生成网络表）"按钮▣，弹出如图7-4所示的"Create Netlist（创建网络表）"对话框。该对话框中有8个选项卡，在不同的选项卡中生成不同的网络表。选择"PCB（PCB）"选项卡，设置网络表属性。

3．PCB Footprint选项组。

（1）在"Combined property string（组合属性）"文本框中显示封装默认名"PCB Footprint"，单击右侧的 Setup... 按钮，弹出如图7-5所示的"Setup（设置）"对话框，在该对话框中可以修改、编辑、查看配置文件的路径，设置输出参数。

图7-4　"Create Netlist（创建网络表）"对话框　　　　图7-5　"Setup（设置）"对话框

（2）在"Configuration（配置）"文本框中显示文件路径。在"Backup（备份）"文本框中默认显示为3。勾选"Output Warnings（输出警告）"复选框，若原理图有误，在输出的网络表中显示错误警告信息，不勾选则若原理图检查有误，也不显示错误信息。勾选"Ignore Electrical constraints（忽略电气约束）"复选框，则在输出的网络表中忽略布线时的电气约束信息；在"Suppress Warnings（抑制警告）"选项组下显示网络表中不显示的警告信息，在文本框中输入的警告名称，单击"Add（添加）"按钮，将该警告添加到列表框中，则在网络表输出时不显示该类型的警告信息，单击"Remove（移除）"按钮，删除选中的警告类型。

（3）在图7-4中勾选"Create PCB Editor Netlist（创建PCB网络表）"复选框，可导出包含原理图中所有信息的3个网络表文件"pstchip.dat""pstxnet.dat""pstxprt.dat"；在下面的"Option（选项）"选项组中显示参数设置。

在"Netlist Files（网络表文件）"文本框中显示默认名称"allegro"，单击右侧■按钮，弹出如图7-6所示的"Select Folder（选择文件夹）"对话框。

勾选"View Output（显示输出）"复选框，自动打开3个网络表文件，并独立地显示在Capture窗口中。

图7-6 "Select Folder（选择文件夹）"对话框

7.2.2 元器件报表

元器件报表主要用来列出当前工程中用到的所有元件的标识、封装形式、库参考等，相当于一份元器件清单。依据这份报表，用户可以详细查看工程中元件的各类信息，同时，在制作印制电路板时，也可以作为元件采购的参考。

1. 选择菜单栏中的"Tools（工具）"→"Bill of Materials（材料报表）"命令或单击"Capture"工具栏中的"Bill of materials（材料报表）"按钮，弹出如图7-7所示的"Bill of Materials（材料报表）"对话框，设置元件清单参数。

2. 下面介绍该对话框中的参数设置。

（1）"Scope（范围）"选项组

● Process entire design：生成整个设计的元件清单。

● Process selection：生成所选部分元件清单。

（2）"Mode（模式）"选项组

● Use instances（Preferred）：使用当前属性。

● Use occurrences：使用事件属性（推荐）。

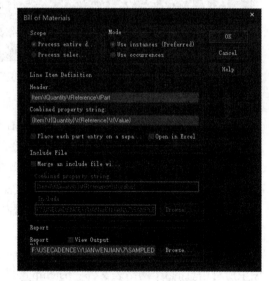

图7-7 "Bill of Materials（材料报表）"对话框

（3）"Line Item Definition（定义元件清单内容）"选项组

● Place each part entry on a separate line：勾选此复选框，元件清单中每个元件信息占一行。

● Open in Excel：勾选此复选框，则用表格的方式打开元件清单。

（4）"Include Files（包含文件）"选项组

● Merge an include files with report：勾选此复选框，则在元件清单中加入其他文件。

- View Output：勾选此复选框，则在创建元件清单后打开输出的结果。
- 取消勾选"View Output（显示输出）"复选框，勾选"Open in Excel（用表格打开）"复选框，如图7-8所示，单击 OK 按钮，创建元件清单，在表格中打开"template.bom"文件，如图7-9所示。

图7-8　"Bill of Materials（材料报表）"对话框

图7-9　表格文件

- 单击 OK 按钮，即可创建完成元件清单，同时在"Project Manager"项目中"Outputs"目录下生成"template.bom"文件。

7.2.3　交叉引用元件报表

交互参考表显示元件所在元件库及元件库路径等详细信息。

选择菜单栏中的"Tools（工具）"→"Cross reference parts（交叉引用元件）"命令或单击"Capture"工具栏中的"Cross reference parts（交叉引用元件）"按钮，弹出如图7-10所示的"Cross Reference Parts（交叉引用元件）"对话框，设置交互参考表参数。

下面介绍该对话框中的参数设置。

1．"Scope（范围）"选项组

- Cross reference entire design：选择此单选钮，生成整个设计的交互参考表。
- Cross reference selection：选择此单选钮，生成所选部分电路图的交互参考表。

2．"Mode（模式）"选项组

- Use instances（Preferred）：选择此单选钮，使用当前属性。

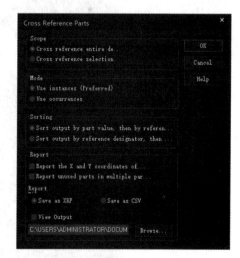

图7-10　"Cross Reference Parts（交叉引用元件）"对话框

● Use occurrences：选择此单选钮，使用事件属性（推荐）。

3. "Sorting（排序）"选项组

（1）Sort output by part value，then by reference designator：选择此单选钮，先报告value后报告reference，并按value排序。

（2）Sort output by reference designator，then by part value：选择此单选钮，先报告reference后报告value，并按reference排序。

4. "Report（报告）"选项组

（1）Report the X and Y coordinates of all parts：选择此单选钮，报告器件的X、Y坐标。

（2）Report unused parts in multiple part packages：选择此单选钮，报告一个封装里没有使用的器件。

单击 OK 按钮，即可生成交互参考表，在"Report（报告）"下选择"Save as XRF"或"Save as CSV"，分别将生成的报表文件保存为".xrf"或".csv格式，如图7-11、图7-12所示，系统分次产生".xrf"和".csv"两个文件，并加入到项目中。

图7-11 "myproject.xrf"文件

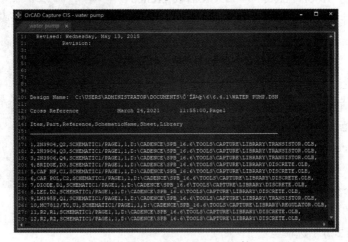

图7-12 "myproject.csv"文件

7.2.4　属性参数文件

在Capture中用户还可以通过属性参数文件来更新元件的属性参数，即将电路图中元件属性参数输出到一个属性参数文件中，对该文件进行编辑修改后，再将其输入到电路图中，更新元件属性参数。

1．元件属性参数的输出。

在项目管理器中选择原理图文件，选择菜单栏中的"Tools（工具）"→"Export Properties（输出属性）"命令，弹出如图7-13所示"Export Properties（输出属性）"对话框。

2．下面介绍该对话框中的参数设置。

（1）"Scope（范围）"选项组

● Export entire design or library：输出整个设计或库。

● Export selection：输出选择的设计或库。

（2）"Contents（内容）"选项组

● Part Properties：输出元件属性。

● Part and Pin Properties：输出元件和引脚的属性。

● Flat Net Properties：输出Flat网络的属性。

（3）"Mode（模式）"选项组

● Export Instance Properties：输出实体的属性。

● Export Occurrence Properties：输出事件的属性。

图7-13　"Export Properties（输出属性）"对话框

（4）Export File：设置输出文件的位置，单击 Browse... 按钮，在弹出的对话框中选择路径。

● 单击 OK 按钮，在项目管理器中生成属性文件".exp"，如图7-14所示。

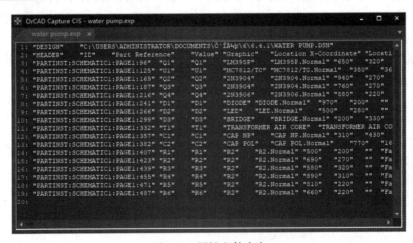

图7-14　属性文件内容

3．元件属性参数文件的输入。

在项目管理器中选择原理图文件，选择菜单栏中的"Tools（工具）"→"Import Properties（输入属性文件）"命令，弹出如图7-15所示对话框。

选择.exp文件，单击 打开(0) 按钮，输入属性文件。在原理图中显示经过修改的属性文件生成的改变。

图7-15　选择属性文件

7.3 打印输出

为方便原理图的浏览、交流，经常需要将原理图打印到图纸上。Cadence提供了直接将原理图打印输出的功能。

7.3.1　设置打印属性

在打印之前首先进行页面设置，同时，要确认一下打印机的相关设置是否适当。

选择菜单栏中的"File（文件）"→"Print Setup（打印设置）"命令，弹出如图7-16所示的"打印设置"对话框，下面介绍该对话框中的选项。

●"打印机"选项：在该选项下设置打印机信息。

●"纸张"选项：在该选项组下设置打印所需纸张大小及来源。

●　属性(P)... ：单击该按钮，弹出页面设置对话框，如图7-17所示。

图7-16　"打印设置"对话框

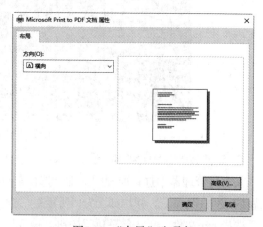

图7-17　"布局"选项卡

7.3.2　打印区域

若需要打印局部电路图，则需要提前选择打印区域，该命令必须在原理图编辑窗口中才能激活，选定完特定区域后，直接执行打印命令则只打印选定部分。

1. 选择菜单栏中的"File（文件）"→"Print Area（打印区域）"→"Set（选择）"命令，在原理图中拖动出适当大小区域，将所需对象框选，在需要打印的对象外围显示黑色虚线框，如图7-18所示。

2. 完成打印区域的选择，若需重新选择打印区域，选择菜单栏中的"File（文件）"→"Print Area（打印区域）"→"Clear（清除）"命令，取消打印区域的选取。

图7-18　选择打印区域

7.3.3　打印预览

在打印设置完后，为了保证打印效果，应先预览输出结果，减少成本浪费。

选择菜单栏中的"File（文件）"→"Print Preview（打印预览）"命令，弹出如图7-19所示的"Print Preview（打印预览）"对话框。

1. Scale：设置打印比例。

（1）Scale to paper size：Capture CIS将电路图依照"Schematic Page Properties"对话框中的"Page Size"栏中设置的尺寸打印，数页电路图打印输出到1页打印纸上；

（2）Scale to page size：Capture CIS将把电路图按照本"Print"对话框中的"Paper size"栏中设置的尺寸打印，若"Paper size"选用的幅面尺寸大于设置的打印尺寸，则需要多张打印纸输出1幅。

图7-19　"Print Preview（打印预览）"对话框

（3）Scaling：设置打印图的缩放比例。

2．Print offsets：设置打印纸的偏移量。

偏移量即是打印出的电路图左上角与打印纸左上角之间的距离，若1幅电路图需要采用多张打印纸，则是指电路图与第1张打印纸左上角的距离。

3．Print quality：以每英寸打印的点数（dpi：Dots Per Inch）表征。

4．Copies：在该文本框中输入打印份数。

5．Print to file：勾选此复选框，将打印图送至".prn"文件中存储起来。

6．Print all colors in black：勾选此复选框，强调采用黑白两色。

7．Collate Copies：勾选此复选框，设置按照页码的顺序打印。

单击 Setup... 按钮，弹出"打印设置"对话框设置打印机相关参数，前面已经详细讲解，这里不再赘述。

单击 OK 按钮，显示原理图预览结果，如图7-20所示。

图7-20　预览结果

7.3.4　打印

切换到项目管理器，选择要打印的某个绘图页文件夹或绘图页文件，选择菜单栏中的"File（文件）"→"Print（打印）"命令，弹出打印参数设置对话框，如图7-21所示。单击 OK 按钮开始打印。

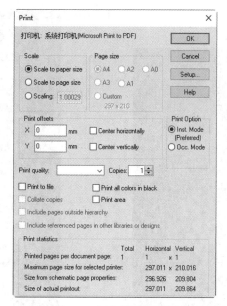

图7-21　打印设置对话框

7.4　操作实例

本节在原理图绘制的基础上对原理图结果进行检查，通过对各种报表的分析达到检测原理图的目的。

扫码看视频

1．打开文件

选择菜单栏中的"File（文件）"→"Open（打开）"命令或单击"Capture"工具栏中的"Open document（打开文件）"按钮📁，选择将要打开的文件"A8BITBCD.dsn"，将其打开，如图7-22所示。

2．选择设计对象

打开项目管理器窗口，并将其置为当前，选中需要创建网络表的电路图文件"A8BITBCD.dsn"。

3．生成元件清单

（1）打开项目管理器窗口，选择菜单栏中的"Tools（工具）"→"Bill of Materials（材料报表）"命令或单击"Capture"工具栏中的"Bill of materials（材料报表）"按钮📋，弹出如图7-23所示的"Bill of Materials（材料报表）"对话框，设置元件清单参数。

（2）单击 OK 按钮，即可创建完成元件清单。同时在"Project Manager"项目中Outputs目录下生成".bom"文件，如图7-24所示。

图7-22　项目管理器

图7-23 "Bill of materials（材料报表）"对话框

图7-24 加载到项目管理器

（3）双击打开该报表，显示如图7-25所示的信息。

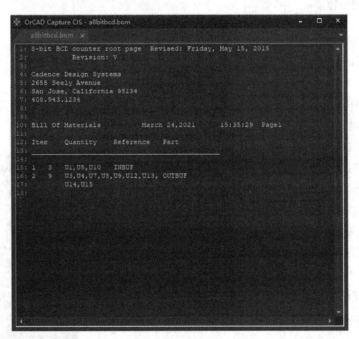

图7-25 元件清单

（4）选择菜单栏中的"File（文件）"→"Print Preview（打印预览）"命令，弹出如图7-26所示的"Print Preview（打印预览）"对话框，单击 OK 按钮打印预览，查看打印效果，如图7-27所示。

如检查无误，可连接打印机执行打印操作，这里不再赘述。

图7-26　打印设置对话框

图7-27　原理图预览结果

第 8 章

仿真电路

　　所谓电路仿真，就是用户直接利用 EDA 软件自身所提供的功能和环境，对所设计电路的实际运行情况进行模拟的一个过程。如果在制作 PCB 印制板之前，能够进行一下对原理图的仿真，明确把握系统的性能指标并据此对各项参数进行适当的调整，将能节省大量的人力和物力。由于整个过程是在计算机上运行的，所以操作相当简便，免去了构建实际电路系统的不便，只需要输入不同的参数，就能得到不同情况下电路系统的性能，而且仿真结果真实、直观，便于用户查看和比较。

知
识
点

✦ 电路仿真的基本概念
✦ 电路仿真的基本方法
✦ 仿真分析参数设置
✦ 仿真信号

8.1　电路仿真的基本概念

在具有仿真功能的EDA软件出现之前，设计者为了对自己所设计的电路进行验证，一般是使用面包板来搭建实际的电路系统，之后对一些关键的电路节点进行逐点测试，通过观察示波器上的测试波形来判断相应的电路部分是否达到了设计要求。如果没有达到，则需要对元器件进行更换，有时甚至要调整电路结构，重建电路系统，然后再进行测试，直到达到设计要求为止。整个过程冗长而繁琐，工作量非常大。

使用软件进行电路仿真，则是把上述过程全部搬到了计算机中。同样要搭建电路系统（绘制电路仿真原理图）、测试电路节点（执行仿真命令），而且也同样需要查看相应节点（中间节点和输出节点）处的电压或电流波形，依此作出判断并进行调整。只不过，这一切都将在软件仿真环境中进行，过程轻松，操作方便，只需要借助于一些仿真工具和仿真操作即可快速完成。

8.2　电路仿真的基本方法

电路仿真PSpice分析过程如图8-1所示。

图8-1　电路仿真PSpice分析的过程

8.2.1　仿真电路步骤

下面我们介绍一下电路仿真的具体操作步骤。

1. 编辑仿真原理图

绘制仿真原理图时，图中所使用的元器件都必须具有Simulation属性。如果某个元器件不具有仿真属性，则在仿真时将出现错误信息。对仿真元件的属性进行修改，需要增加一些具体的参数设置，例如三极管的放大倍数、变压器的原边和副边的匝数比等。

2. 设置仿真激励源

所谓仿真激励源就是输入信号，使电路可以开始工作。仿真常用激励源有直流源、脉冲信号源及正弦信号源等。

3. 放置节点网络标号

这些网络标号放置在需要测试的电路位置上。

4. 设置仿真方式及参数

不同的仿真方式需要设置不同的参数，显示的仿真结果也不同。用户要根据具体电路的仿真要求设置合理的仿真方式。

5. 执行仿真命令

将以上设置完成后，启动仿真命令。若电路仿真原理图中没有错误，系统将给出仿真结果，并将结果保存在结果文件中；若仿真原理图中有错误，系统自动中断仿真，显示电路仿真原理图中的错误信息。

6. 分析仿真结果

用户可以在结果文件中查看、分析仿真的波形和数据。若对仿真结果不满意，可以修改电路仿真原理图中的参数，再次进行仿真，直到满意为止。

8.2.2　仿真原理图电路

在仿真原理图编辑环境中，除一般的电路图绘制工具栏外，图8-2所示的"PSpice（仿真）"工具栏与"PSpice（仿真）"菜单栏应用最广泛。

选择菜单栏中的"PSpice（仿真）"→"Run（运行）"命令或单击"PSpice（仿真）"工具栏中的"Run PSpice"按钮，进行仿真分析，在弹出的"Simulation Setting（仿真设置）"对话框中显示和处理波形。

图8-2　"Pspice（仿真）"菜单栏与工具栏

8.3　仿真分析参数设置

在电路仿真中，选择合适的仿真方式并对相应的参数进行合理的设置，是仿真能够正确运行并获得良好仿真效果的关键保证。

仿真分析的类型有以下9种，每一种分析类型的定义如下。

- 直流分析：当电路中某一参数（称为自变量）在一定范围内变化时，对自变量的每一个取值，计算电路的直流偏置特性（称为输出变量）。
- 交流分析：作用是计算电路的交流小信号频率响应特性。
- 噪声分析：计算电路中各个器件对选定的输出点产生的噪声等效到选定的输入源（独立的电压或电流源）上，即计算输入源上的等效输入噪声。
- 瞬态分析：在给定输入激励信号作用下，计算电路输出端的瞬态响应。
- 基本工作点分析：计算电路的直流偏置状态。
- 蒙托卡诺统计分析：为了模拟实际生产中因元器件值具有一定分散性所引起的电路特性分散性，PSpice提供了蒙托卡诺分析功能。进行蒙托卡诺分析时，首先根据实际情况确定元器件值分布规律，然后多次"重复"进行指定的电路特性分析，每次分析时采用的元器件值是从元器件值分布中随机抽样，这样每次分析时采用的元器件值不会完全相同，而是代表了实际变化情况。完成了多次电路特性分析后，对各次分析结果进行综合统计分析，就可以得到电路特性的分散变化规律。与其他领域一样，这种随机抽样、统计分析的方法一般统称为蒙托卡诺分析（取名于赌城Monte Carlo），简称为MC分析。由于MC分析和最坏情况分析都具有统计特性，因此又称为统计分析。
- 最坏情况分析：蒙托卡诺统计分析中产生的极限情况即为最坏情况。
- 参数扫描分析：是在指定参数值的变化情况下，分析相对应的电路特性。
- 温度分析：分析在特定温度下电路的特性。

对电路的不同要求，可以通过各种不同类型仿真的相互结合来实现。

8.3.1　直流扫描分析（DC Sweep）

直流扫描分析就是直流转移特性，当输入在一定范围内变化时，输出一个曲线轨迹。通过执行一系列静态工作点分析，修改选定的源信号电压，从而得到一个直流传输曲线。用户也可以同时指定两个工作源。直流分析也是交流分析时确定小信号线性模型参数和瞬态分析确定初始值所需的分析，模拟计算后，可利用探针功能绘制出Vo-Vi曲线，或任意输出变量相对任一元件参数的传输特性曲线。

选择菜单栏中的"PSpice（仿真）"→"Edit Simulation Profile（编辑仿真配置文件）"命令或单击"PSpice（仿真）"工具栏中的"Edit Simulation Profile"按钮 ，弹出"Simulation Setting-bias"对话框，选择"Analysis（分析）"选项卡，如图8-3所示。

在"Analysis Type（分析类型）"下拉列表中选择"DC Sweep（直流扫描）"，在"Options（选项）"选项组中默认勾选"Primary Sweep（首要扫描）"。下面介绍其余选项，按照不同要求选择不同选项。

图8-3 "Analysis（分析）"选项卡

1. Sweep variable（直流扫描自变量类型）

（1）Voltage source：电压源。

（2）Current source：电流源。

（3）Name：在该文本框中输入电压源或电流源的元件序号，如"V1""I2"。

（4）Global parameter：全局参数变量。

（5）Model parameter：以模型参数为自变量。

（6）Temperature：以温度为自变量。

（7）Parameter name：使用Global parameter或Model parameter时的参数名称。

2. Sweep type（扫描方式）

（1）Linear：参数以线性变化。

（2）Logarithmic：参数以对数变化。

（3）Value List：只分析列表中的值。

（4）Start Value：参数线性变化或以对数变化时分析的起始值。

（5）End Value：参数线性变化或以对数变化时分析的终止值。

（6）Increment：参数线性变化时的增量。

8.3.2　交流扫描分析（AC Sweep/Noise）

交流信号分析是在一定的频率范围内计算电路的频率响应。如果电路中包含非线性器件，在计算频率响应之前就应该得到此元器件的交流小信号参数。在进行交流小信号分析之前，必须保证电路中至少有一个交流电源，即在激励源中的AC属性域中设置一个大于零的值。

在"Simulation Setting（仿真设置）"对话框中选择"Analysis（分析）"选项卡，在"Analysis Type（分析类型）"下拉列表中选择"AC Sweep/Noise（交流扫描/噪声分析）"，在"Options（选项）"选项组中选中General Settings，在右面显示交流分析仿真参数设置，如图8-4所示。

图8-4　"Analysis（分析）"选项卡

AC Sweep Type（交流扫描方式）

- Linear：参数以线性变化。
- Logarithmic：参数以对数变化。
- Start Frequency：起始频率值，在PSpice中不区分大小写，由于M表示毫，兆（M）采用meg表示。
- End Frequency：终止频率值。
- Points/Decade：以对数变化时倍频的采样点。

对于交流扫描，必须具有AC激励源。产生AC激励源的方法有以下两种：调用VAC或IAC激励源；在已有的激励源（如VSIN）的属性中加入属性"AC"，并输入它的幅值。

8.3.3　噪声分析（Noise Analysis）

电阻和半导体器件等都能产生噪声，噪声电平取决于频率，电阻和半导体器件产生噪声的类型不同（注意：在噪声分析中，电容、电感和受控源被视为无噪声元器件）。噪声分析是利用噪声谱密度测量电阻和半导体器件的噪声影响，通常由V2/Hz表征测量噪声值。

噪声分析与交流分析是一起使用的，对交流分析的每一个频率，电路中每一个噪声源（电阻或晶体管）的噪声电平都被计算出来。

在"Simulation Setting（仿真设置）"对话框中选择"Analysis（分析）"选项卡，在"Analysis Type（分析类型）"下拉列表中选择"AC Sweep/Noise（交流扫描/噪声分析）"，在"Options（选项）"选项组中选中General Settings，勾选"Noise Analysis（噪声分析）"选项组下"Enabled（使能）"复选框，激活噪声分析，在右下方显示噪声分析仿真参数设置，如图8-5所示。

1. Noise Analysis（噪声分析）。

（1）Enabled：在AC Sweep的同时是否进行Noise Analysis。

（2）Output Voltage：选定的输出节点。

（3）I/V Source：选定的等效输入噪声源的位置，选定的等效输入噪声源必须是独立的电压源或电流源。

（4）Interval：输出结果的点频间隔。

图8-5　"Analysis（分析）"选项卡

2．Output File Options：输出文件选项。分析的结果只存入OUT输出文件，查看结果只能采用文本的形式进行观测。

8.3.4　瞬态分析（Time Domain（Transient））

瞬态分析在时域中描述瞬态输出变量的值。目的是在给定输入激励信号作用下，计算电路输出端的瞬态响应。

在"Simulation Setting（仿真设置）"对话框中选择"Analysis（分析）"选项卡，在"Analysis Type（分析类型）"下拉列表中选择"Time Domain（Transient）（瞬态特性分析）"，观察不同时刻的不同输出波形，相当于示波器的功能；在"Options（选项）"选项组中选中General Settings，在右面显示瞬态特性分析仿真参数设置，如图8-6所示。

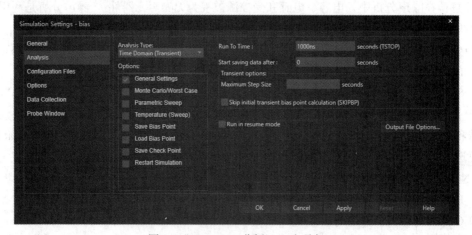

图8-6　"Analysis（分析）"选项卡

- Run to time：瞬态分析终止的时间。
- Start saving data after：开始保存分析数据的时刻。
- Transient options：瞬态选项。
- Maximum step size：允许的最大时间计算间隔。
- Skip the initial transient bias point calculation：勾选此复选框，进行基本工作点运算。
- Run in resume mode：勾选此复选框，重新运行。

8.3.5　傅里叶分析

傅里叶分析是基于瞬态分析中最后一个周期的数据进行谐波分析，计算出直流分量、基波和 2～9 次谐波分量以及非线性谐波失真系数，傅里叶分析与瞬态分析是一起使用的。

在"Simulation Setting（仿真设置）"对话框中选择"Analysis（分析）"选项卡，在"Analysis Type（分析类型）"下拉列表中选择"Time Domain（Transient）（瞬态特性分析）"，在"Options（选项）"选项组中选中 General Settings，在右面显示瞬态特性分析仿真参数设置，如图 8-7 所示。

图 8-7　"Analysis（分析）"选项卡

单击 Output File Options... 按钮，弹出如图 8-8 所示的对话框，控制输出文件内容。

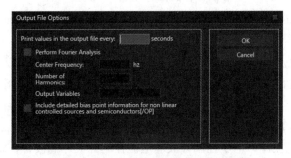

图 8-8　"Output File Options"对话框

Print values in the output file every：在 OUT 文件里存储的数据的时间间隔。

Perform Fourier Analysis：勾选此复选框，进行傅里叶分析。

- Center Frequency：用于指定傅里叶分析中采用的基波频率，其倒数即为基波周期。在傅里叶分析中，并非对指定输出变量的全部瞬态分析结果均进行分析。实际采用的只是瞬态分析结束前由上述基波周期确定的时间范围的瞬态分析输出信号。
- Number of Harmonics：确定傅里叶分析时谐波次数。PSpice的内定值是计算直流分量和从基波一直到9次谐波。
- Output Variables：用于确定需对其进行傅里叶分析的输出变量名。

为了进行傅里叶分析，瞬态分析结束时间不能小于傅里叶分析确定的基波周期。

8.3.6　静态工作点分析（Bias Point）

静态工作点分析用于测定带有短路电感和开路电容电路的静态工作点。在电子电路中，确定静态工作点是十分重要的，完成此分析后可决定半导体晶体管的小信号线性化参数值。

Operating Point Analysis（工作点分析）

在"Simulation Setting（仿真设置）"对话框中选择"Analysis（分析）"选项卡，在"Analysis Type（分析类型）"下拉列表中选择"Bias Point（静态工作点分析）"，在"Options（选项）"选项组中选中General Settings，在右面显示静态工作点分析仿真参数设置，如图8-9所示。

图8-9　"Analysis（分析）"选项卡

- Include detailed bias point information for nonlinear controlled source and semiconductors：勾选此复选框，输出详细的基本工作点信息。
- Perform Sensitivity analysis：进行直流灵敏度分析。虽然电路特性完全取决于电路中的元器件的值，但是对电路中不同的元器件，即使其变化的幅度（或变化比例）相同，引起电路特性的变化不会完全相同。灵敏度分析的作用就是定量分析、比较电路特性对每个电路元器件参数的灵敏程度。PSpice中直流灵敏度分析的作用是分析指定的节点电压对电路中电阻、独立电压源和独立电流源、电压控制开关和电流控制开关、二极管、双极晶体管共5类元器件参数的灵敏度，并将计算结果自动存入".OUT"输出文件中。本项分析不涉及PROBE数据文件。需要注意的是对一般规模的电路，灵敏度分析产生的".OUT"输出文件中包含的数据量将很大。

● Calculate small-signal DC gain：计算直流传输特性。进行直流传输特性分析时，PSpice程序首先计算电路直流工作点并在工作点处对电路元件进行线性化处理，然后计算出线性化电路的小信号增益、输入电阻和输出电阻，并将结果自动存入".OUT"文件中。本项分析又简称为TF分析。如果电路中含有逻辑单元，每个逻辑器件保持直流工作点计算时的状态，但对模–数接口电路部分，其模拟一侧的电路也进行线性化等效。本项分析中不涉及PROBE数据文件。

8.3.7　蒙托卡罗分析（Monte Carlo Analysis）

蒙托卡罗分析是一种统计模拟方法，它是对选择的分析类型（包括直流分析、交流分析、瞬态分析）多次运行后的统计分析。

在"Simulation Setting（仿真设置）"对话框中选择"Analysis（分析）"选项卡，在"Analysis Type（分析类型）"下拉列表中选择"Time Domain（Transient）（瞬态特性分析）"，在"Options（选项）"选项组中选中Monte Carlo/Worst-Case（蒙托卡诺统计分析），在右面选择"Monte Carlo（蒙托卡诺分析）"，进行蒙托卡诺分析，如图8-10所示。

图8-10　"Analysis（分析）"选项卡

● Output Variable：选择分析的输出节点。

● Monte Carlo Options：蒙托卡诺分析的参数选项。

● Number of runs：分析采样的次数。

● Use Distribution：使用的器件偏差分布情况（正态分布、均匀分布或自定义）。

● Random number seed：蒙托卡诺分析的随机种子值。

● Save Data From：保存数据的方式。

More Settings...：单击此按钮，弹出如图8-11所示的对话框。

在"Find（查找）"下拉列表中显示如下

图8-11　"More Settings..."对话框

选项。

- the greatest difference from the nominal run（YMAX）：求出每个波形与额定运行值的最大差值。
- the maximum value（MAX）：求出每个波形的最大值。
- the minimum value（MIN）：求出每个波形的最小值。
- the first rising threshold crossing（RISE_EDGE）：找出第一次超出域值的波形。
- the first falling threshold crossing（FALLEDGE）：找出第一次低于域值的波形。
- Threshold Value：设置域值。
- Evaluate only when the sweep variable is in range：定义参数允许的变化范围。
- List model parameter values in the output file of each run：是否在输出文件里列出模型参数的值。

8.3.8 最坏情况分析（Worst-Case/Sensitive）

最坏情况分析也是一种统计分析，是指电路中的元器件参数在其容差域边界点上选取某种组合时所引起的电路性能的最大偏差分析，最坏情况分析就是在给定元器件参数容差的情况下，估算出电路性能随标称值变化时的最大偏差。

在"Simulation Setting（仿真设置）"对话框中选择"Analysis（分析）"选项卡，在"Analysis Type（分析类型）"下拉列表中选择"Time Domain（Transient）（瞬态特性分析）"，在"Options（选项）"选项组中选中"Monte Carlo/Worst-Case（蒙托卡诺统计分析）"，在右面选择"Worst-case/Sensitive（最坏情况分析）"单选钮，进行最坏情况分析仿真参数设置，如图8-12所示。

图8-12 "Analysis（分析）"选项卡

Worst-Case/Sensitivity options最坏情况分析的参数选项如下。

- Vary Devices that have：分析的偏差对象。
- Limit devices to type（s）：起作用的偏差器件对象
- Save data from each sensitivity run：勾选此复选框，将每次灵敏度分析的结果保存入".OUT"输出文件。

More Settings...：单击此按钮，弹出如图8-13所示的对话框。

在"Find（查找）"下拉列表中显示的选项与图8-11基本相同。

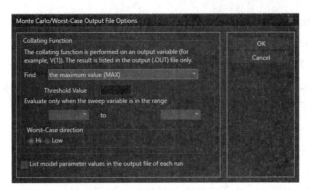

图8-13 "More Setting..." 对话框

8.3.9 参数扫描分析（Parameter Sweep）

参数扫描分析是针对电路中的某一参数在一定范围内做调整，利用仿真分析得到清晰直观的波形结果，利用曲线迅速确定该参数的最佳值，参数扫描可以与直流、交流或瞬态分析等分析类型配合使用，对电路所执行的分析进行参数扫描，对于研究电路参数变化对电路特性的影响提供了很大的方便。在分析功能上与蒙特卡罗分析和温度分析类似，它是按扫描变量对电路的所有分析参数扫描的，分析结果产生一个数据列表或一组曲线图。同时用户还可以设置第二个参数扫描分析，但参数扫描分析所收集的数据不包括子电路中的器件。

在 "Simulation Setting（仿真设置）" 对话框中选择 "Analysis（分析）" 选项卡，在 "Analysis Type（分析类型）" 下拉列表中选择 "Time Domain（Transient）（瞬态特性分析）"，在 "Options（选项）" 选项组中选中 "Parametric Sweep（参数扫描）"，在右面显示参数分析仿真参数设置，如图8-14所示。

图8-14 "Analysis（分析）" 选项卡

1. Sweep Variable（参数扫描自变量类型）

（1）Voltage source：电压源。

（2）Current source：电流源。

（3）Name：在该文本框中输入电压源或电流源的元件序号，如 "V1" "I2"。

（4）Global parameter：全局参数变量。

（5）Model parameter：以模型参数为自变量。

（6）Temperature：以温度为自变量。

（7）Parameter name：使用Global parameter或Model parameter时参数名称。

2. Sweep type（扫描方式）

（1）Linear：参数以线性变化。

（2）Logarithmic：参数以对数变化。

（3）Value List：只分析列表中的值。

（4）Start Value：参数线性变化或以对数变化时分析的起始值。

（5）End Value：参数线性变化或以对数变化时分析的终止值。

（6）Increment：参数线性变化时的增量。

8.3.10　温度扫描分析（Temperature（Sweep））

温度扫描是指在一定的温度范围内进行电路参数计算，用以确定电路的温度漂移等性能指标。

在"Simulation Setting（仿真设置）"对话框中选择"Analysis（分析）"选项卡，在"Analysis Type（分析类型）"下拉列表中选择"Time Domain（Transient）"，在"Options（选项）"选项组中选中"Temperature（Sweep）（温度扫描）"，在右面显示温度扫描分析仿真参数设置，如图8-15所示。

图8-15　"Analysis（分析）"选项卡

- Run the simulation at temperature：在指定的温度下分析。
- Repeat the simulation for each of the temperatures：在指定的一系列温度下进行分析。

8.4 仿真信号

PSpice提供了多种独立仿真信号源，存放在库文件存储的路径"X:\Library\pspice\source.lib"，供用户选择。

1．独立激励信号源

（1）独立激励信号源包括电压源与电流源，均被默认为理想的激励源，即电压源的内阻为零，而电流源的内阻为无穷大。

（2）仿真激励源就是仿真时输入到仿真电路中的测试信号，根据观察这些测试信号通过仿真电路后的输出波形，用户可以判断仿真电路中的参数设置是否合理。

（3）PSpice软件为瞬态分析提供了6种激励信号波形，有直流激励信号源、正弦激励信号源、脉冲激励信号源、分段线性激励信号源、指数激励信号源、调频激励信号源。

2．数字信号源

（1）PSpice提供的仿真信号源，默认为理想的激励源，即电压源的内阻为零，而电流源的内阻为无穷大。

（2）仿真激励源就是仿真时输入到仿真电路中的测试信号，根据观察这些测试信号通过仿真电路后的输出波形，用户可以判断仿真电路中的参数设置是否合理。

（3）PSpice软件为瞬态分析提供了5种激励信号波形供用户选用，分别为"脉冲电源""分段线性电源""调幅正弦电源""调频电源"和"指数电源"。

（4）数字电路分析在绘制原理图、设置分析时间等方面，比模拟电路分析简单些。数字电路分析的一个重要问题就是如何依据分析的需要，正确设置好数字信号的波形。

第 9 章

创建 PCB 封装库

　　由于电子元器件技术的不断更新，Allegro 丰富的元件封装库资源依然无法满足实际的电路设计需求，因此封装库的创建迫在眉睫。

　　本章着重讲解如何完整地创建元件封装，分别详细介绍焊盘设计与封装设计。

 ✦ 封装的基本概念

 ✦ 焊盘设计

 ✦ 封装设计

9.1 封装的基本概念

所谓封装是指安装半导体集成电路芯片用的外壳，它不仅起着安放、固定、密封、保护芯片和增强电热性能的作用，而且还是沟通芯片内部世界与外部电路的桥梁。随着电子技术的飞速发展，集成电路的封装技术也发生了很大的变化，从开始的DIP、QFP、PGA、BGA到CSP，然后发展到MCM，封装技术越来越先进。芯片的引脚数越来越多，间距越来越小，重量越来越轻，适用频率越来越高，可靠性越来越强，耐温性越来越好，使用起来也越来越方便。

芯片的封装在PCB上通常表现为一组焊盘、丝印层上的边框及芯片的说明文字。焊盘是封装中最重要的组成部分，用于连接芯片的引脚，并通过印制板上的导线连接印制板上的其他焊盘，进一步连接焊盘所对应的芯片引脚。在封装中，每个焊盘都有唯一的标号，以区别于封装中的其他焊盘。丝印层上的边框和说明文字主要起指示作用，指明焊盘组所对应的芯片，方便印制板的焊接。焊盘的形状和排列是封装的关键组成部分，确保焊盘的形状和排列正确才能正确地建立一个封装。对于安装有特殊要求的封装，边框也需要绝对正确。

元器件封装就是元器件的外形和引脚分布图。电路原理图中的元器件只是表示一个实际元器件的电气模型，其尺寸、形状都是无关紧要的。而元器件封装是元器件在PCB设计中采用的，是实际元器件的几何模型，其尺寸至关重要。元器件封装的作用就是指示出实际元器件焊接到电路板时所处的位置，并提供焊点。

元件的封装信息主要包括两个部分：外形和焊盘。元器件的外形（包括标注信息）一般在"Top Overlay（丝印层）"上绘制。而焊盘的情况就要复杂一些，焊盘有两个英文名字，分别是land和pad，land用于可表面贴装的元件，是二维的表面特征；pad用于可插件的元件，是三维的特征。二者可以交替使用，但是在功能上是有分别的。若是可插式焊盘，则涉及到穿孔所经过的每一层；若是贴片元器件的焊盘，一般在顶层"Top Overlay（丝印层）"绘制。

9.1.1 常用封装介绍

总体上讲，根据元件采用安装技术的不同，可分为插入式封装技术"Through Hole Technology（THT）"和表贴式封装技术"Surface Mounted Technology（SMT）"。

1. 插入式封装元件安装时，元件安置在板子的一面，将引脚穿过PCB焊接在另一面上。插入式元件需要占用较大的空间，并且要为每只引脚钻一个孔，所以它们的引脚会占据两面的空间，而且焊点也比较大。但从另一方面来说，插入式元件与PCB连接较好，机械性能好。例如，排线的插座、接口板插槽等类似的界面都需要一定的耐压能力，因此，通常采用THT封装技术。

2. 表贴式封装的元件，引脚焊盘与元件在同一面。表贴元件一般比插入式元件体积要小，而且不必为焊盘钻孔，甚至还能在PCB板的两面都焊上元件。因此，与使用插入式元件的PCB比起来，使用表贴元件的PCB板上元件布局要密集很多，体积也就小很多。此外，表贴封装元件也比插入式元件要便宜一些，所以现今的PCB上广泛采用表贴元件。

3. 元件封装可以大致分成以下几类。

（1）BGA（Ball Grid Array）：球栅阵列封装。因其封装材料和尺寸的不同还细分成不同的BGA

封装，如陶瓷球栅阵列封装CBGA、小型球栅阵列封装μBGA等。

（2）PGA（Pin Grid Array）：插针栅格阵列封装。这种封装的芯片内外有多个方阵形的插针，每个方阵形插针沿芯片的四周间隔一定距离排列，根据引脚数目的多少，可以围成2～5圈。安装时，将芯片插入专门的PGA插座。该技术一般用于插拔操作比较频繁的场合之下，如个人计算机CPU。

（3）QFP（Quad Flat Package）：方形扁平封装，是当前芯片使用较多的一种封装形式。

（4）PLCC（Plastic Leaded Chip Carrier）：有引线塑料芯片载体。

（5）DIP（Dual In-line Package）：双列直插封装。

（6）SIP（Single In-line Package）：单列直插封装。

（7）SOP（Small Out-line Package）：小外形封装。

（8）SOJ（Small Out-line J-Leaded Package）：J形引脚小外形封装。

（9）CSP（Chip Scale Package）：芯片级封装，较新的封装形式，常用于内存条中。在CSP的封装方式中，芯片通过一个个锡球焊接在PCB上，由于焊点和PCB的接触面积较大，所以内存芯片在运行中所产生的热量可以很容易地传导到PCB上并散发出去。另外，CSP封装芯片采用中心引脚形式，有效地缩短了信号的传导距离，其衰减随之减少，芯片的抗干扰、抗噪性能也能得到大幅提升。

（10）Flip-Chip：倒装焊芯片，也称为覆晶式组装技术，是一种将IC与基板相互连接的先进封装技术。在封装过程中，IC会被翻覆过来，让IC上面的焊点与基板的接合点相互连接。由于成本与制造因素，使用Flip-Chip接合的产品通常根据I/O数多少分为两种形式，即低I/O数的FCOB（Flip Chip on Board）封装和高I/O数的FCIP（Flip Chip in Package）封装。Flip-Chip技术应用的基板包括陶瓷、硅芯片、高分子基层板及玻璃等，其应用范围包括计算机、PCMCIA卡、军事设备、个人通信产品、钟表及液晶显示器等。

（11）COB（Chip on Board）：板上芯片封装。即芯片被绑定在PCB上，这是一种现在比较流行的生产方式。COB模块的生产成本比SMT低，并且还可以减小模块体积。

9.1.2　封装文件

在Allegro设计过程中经常会使用到不同的符号文件类型，主要可分为元件封装符号及格式图符号。

1. 元件封装符号。元件封装是电子元件的物理表示，如电容、电阻、连接器、晶体管等，每个元件封装都包含着元件的引脚，可以作为互联时连接线的连接点。

2. 格式符号。格式符号是指包含图示大小、版本定义、设计者、设计日期和公司标志等信息，是不同公司用于对设计图例规范化的格式图。

3. 编辑好的图示文件可以转化为以下不同种类的符号文件：

（1）元件封装符号，后缀为".psm"。

（2）结构图符号，后缀为".bsm"。

（3）格式图符号，后缀为".osm"。

（4）填充图示符号，后缀为".ssm"。

（5）Flash符号，后缀为 ".fsm"。

9.2 焊盘设计

在建立元件封装时，需要将每个引脚放到封装中，放置引脚的同时需要在库中寻找相对应的焊盘，即元件封装的每个引脚都必须有一个焊盘与之相对应。Allegro会将每个引脚对应的焊盘名存储起来。焊盘文件的后缀名为 ".pad"。

当元件的封装符号添加到设计中时，Allegro从焊盘库复制元件封装的每个引脚对应的焊盘数据，并且从元件的封装库中复制元件的封装数据。

9.2.1 焊盘分类

所有的焊盘都包括两方面：焊盘尺寸的大小和焊盘的形状；钻孔的尺寸和显示的符号。下面简单介绍焊盘的不同分类。

1. 按照外形分类

按照焊盘的外形一般分为 "Shape Symbol（外形符号）" 与 "Flash Symbol（花焊盘）" 两种。

2. 按照引脚与焊盘连接方式分类

元件的封装引脚按照与焊盘的连接方式分为表贴式与直插式，而对应的焊盘则分为贴片焊盘与钻孔焊盘，在表9-1中显示了这两种焊盘的命名规则。

表9-1 焊盘的命名规则

焊盘类型		命名格式	参数说明		分类
			名称	说明	
钻孔焊盘		p40c20	p	金属化（plated）焊盘（pad）	根据焊盘外形的形状不同，还有正方形（Square）、长方形（Rectangle）和椭圆形焊盘（Oblong）等，在命名的时候则分别取其英文名字的首字母来加以区别。
			40	焊盘外径为40mil	
			c	圆形（circle）焊盘	
			20	焊盘内径是20mil	
		h110c130p/u	H	定位孔（hole）	在实际使用中，焊盘也可以做定位孔使用，但为管理上的方便，在此将焊盘与定位孔加以区别。
			110	定位孔（或焊盘）的外径为110mil	
			c	圆形（circle）	
			130	孔径是130 mil	
			p	金属化（plated）孔	
			u	非金属化（unplated）孔	
贴片焊盘	长方形焊盘	s30_60	S	表面贴（Surface mount）焊盘	贴片焊盘还有其他形状焊盘 这里只介绍最基本的3种。宽度和高度是指Allegro的Pad_Designer工具中的参数，用这两个参数来指定焊盘的长和宽或直径。从上方法指定的名称均表示在Top层的焊盘，如果所设计的焊盘是在Bottom层时，在名称后加一字母 "b" 来表示。
			30	宽度为30mil	
			60	高度为60mil	
	方形焊盘	ss050	第一个s	表面贴（Surface mount）焊盘	
			第二个s	正方形（Square）焊盘	
			050	宽度和高度都为50mil	
	圆形焊盘	sc60	s	表面贴（Surface mount）焊盘	
			c	圆形（Circle）焊盘	
			60	宽度和高度都为60mil	

贴片式焊盘在电气层只需要对顶层、顶层加焊层、顶层阻焊层进行设置，而且只需要对常规焊盘设置，而热风焊盘和反焊盘均选择NULL，而钻孔焊盘则设置相对较多。

3. 按照分布层

印制板的表层按照显示方式的不同分为正片和负片，而焊盘按照在不同层上分布分为"Regular Pad（规则焊盘）"、"Thermal Relief（热焊盘/热风焊盘）"和"Anti Pad（负片焊盘/隔离焊盘）"。

下面介绍各种焊盘外径尺寸的关系。

焊盘=常规焊盘=助焊盘；反焊盘=阻焊盘=常规焊盘+0.1mm类型

热风焊盘：外径等于常规焊盘外径，内径等于钻孔直径+0.5mm（6mil or 8mil）；开口直径=（外径-内径）/2+10mil。

9.2.2 焊盘设计原则

焊盘PCB设计时应遵循以下几点。

1. 在进行焊盘PCB设计时，焊点可靠性主要取决于长度而不是宽度。

2. 采用封装尺寸最大值和最小值为参数进行同一种元件焊盘设计时，焊盘尺寸的计算应保证设计结果适用范围宽。

3. PCB设计时应严格保持同一个元件对称使用焊盘的全面的对称性，即焊盘图形的形状与尺寸应完全一致。

4. 焊盘与较大面积的导电区（如地、电源等平面）相连时，应通过一较细导线进行热隔离，一般宽度为0.2~0.4mm，长度约为0.6mm。

5. 波峰焊时焊盘设计一般比载流焊时大，因为波峰焊中元件有胶水固定，焊盘稍大，不会危及元件的移位和直立，相反却能减少波峰焊"遮蔽效应"。

6. 焊盘设计要适当，既不能太大也不能太小。太大则焊料铺展面较大，形成的焊点较薄；较小则焊盘铜箔对熔融焊料的表面张力太小，当铜箔的表面张力小于熔融焊料表面张力时，形成的焊点为不浸润焊点。

9.2.3 焊盘编辑器

Allegro是在Pad Editor编辑器界面中进行焊盘设计的，该界面结合对话框与Windows界面，包括标题栏、工具栏与工作区。

执行"开始"→"程序"→"Cadence PCB Utilities 17.4-2019"→"Padstack Editor 17.4"命令将进入Pad Editor图形界面，如图9-1所示。

1. 菜单栏

Pad Editor编辑器菜单栏包括"File（文件）、View（视图）和Help（帮助）"3个菜单，下面介绍一下每个菜单的作用。

图9-1　"Pad Editor"界面

（1）File（文件）菜单

主要用于文件的打开、关闭、保存等操作。

（2）View（视图）菜单。

主要用于执行用户界面的设置。

（3）Help菜单

主要用于显示在进行焊盘创建、编辑过程中遇到的问题、需要的帮助指导。

2．工作区

（1）2D Padstack Top Views：显示焊盘的2D顶视图，如图9-2所示。

（2）2D Padstack Side Views：显示焊盘的2D侧视图以及正视图。通过top、side、front等视图直观地了解到焊盘的封装、层叠信息、钻孔信息，如图9-3所示。

图9-2　显示焊盘顶视图

图9-3　显示焊盘侧视图

（3）Start选项卡：该选项卡用来选择焊盘类型以及焊盘默认的几何形状，如图9-4所示。

图9-4　选择焊盘类型

（4）Drill选项卡：该选项卡为钻孔界面，用于定义钻孔的类型、尺寸、误差。还可以定义钻孔的行与列，以及每个钻孔行与列之间的间隔。直接输入数字即可，在界面左下角的Units（单位）中通过下拉菜单选择单位，如图9-5所示。

图9-5　"Drill"选项卡

（5）Secondary Drill：该选项卡用于设置焊盘为盲/埋孔时，钻孔的直径、类型和形状，如图9-6所示。

图9-6　"Secondary Drill"选项卡

（6）Drill Symbol：该选项卡定义表示钻孔的几何图形及其大小，如图9-7所示。

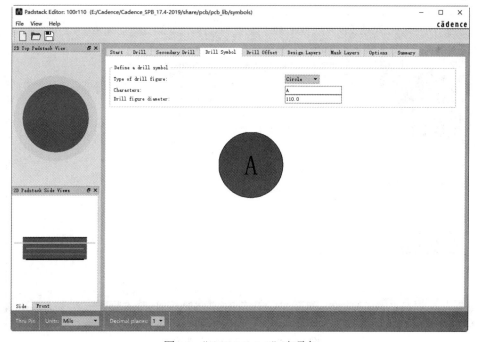

图9-7　"Drill Symbol"选项卡

（7）Drill Offset：该选项卡定义钻孔的中心离图示中心的距离，如图9-8所示。

图9-8 "Drill Offset"选项卡

（8）Design Layers：该选项卡显示层面设置，如图9-9所示。

图9-9 "Design Layers"选项卡

（9）Mask Layers：该选项卡用于设置阻焊层焊盘参数，如图9-10所示。

图9-10　"Mask Layers"选项卡

（10）Options：该选项卡只有两个选项，如图9-11所示。

图9-11　"Options"选项卡

（11）Summary：该选项卡显示简要的汇总表。简要列出了这个焊盘的各种信息，可以选择保存到本地，也可以选择直接打印输出，如图9-12所示。

图9-12 "Summary" 选项卡

9.3 封装设计

本节将讲述如何在PCB库文件编辑环境中创建一个新的元器件封装。创建元器件封装有两种方式：一种方式是利用封装向导创建元器件封装，另一种方式是手工创建元器件封装。在绘制元器件封装前，我们应该了解元器件的相关参数，如外形尺寸、焊盘类型、引脚排列、安装方式等。

执行"开始"→"程序"→"Cadence PCB 17.4-2019"→"PCB Editor 17.4"命令，弹出如图9-13所示的"17.4 Allegro PCB Designer Product Choices"对话框，选择Allegro PCB Designer选项，然后单击 OK 按钮，进入设计系统主界面。

9.3.1 设置工作环境

进入PCB库编辑器后，同样需要根据要绘制的元件封装类型对编辑器环境进行相应的设置。PCB库编辑环境设置包

图9-13 "17.4 Allegro PCB Designer Product Choices" 对话框

括：设计参数、层叠管理、颜色设置和用户属性。

1. 设计参数设计

选择菜单栏中的"Setup（设置）"→"Design Parameters（设计参数）"命令，弹出"Design Parameter Editor（设计参数编辑）"对话框，选择"Design（设计）"选项卡，设置焊盘文件设计参数，如图9-14所示。

图9-14 "Design（设计）"选项卡

（1）在"User Units（用户单位）"选项下选择"Mil"，设置使用单位为mil；

（2）在"Size（大小）"选项下选择"Other"，设置工作区尺寸为自行设定；

（3）在"Accuracy（精度）"选项组下输入0，设置小数点后没有小数，即为整数；

（4）在"Extents（内容）"区域内设置的Left X值为-2000，Lower Y值为-2000，Width值为4000，Height值为4000；

（5）在"Drawing Type（图纸类型）"选项组下设置"Type（类型）"为Package symbol，建立一般的零件封装。

单击 OK 按钮，完成设置。

2. 设置层叠

选择菜单栏中的"Setup（设置）"→"Cross-section（层叠结构）"命令或单击"Setup（设置）"工具栏中的"Xsection（层叠结构）"按钮，弹出如图9-15所示的"Cross-section Editor（层叠设计）"对话框，在该对话框中可添加删除元件所需的层。

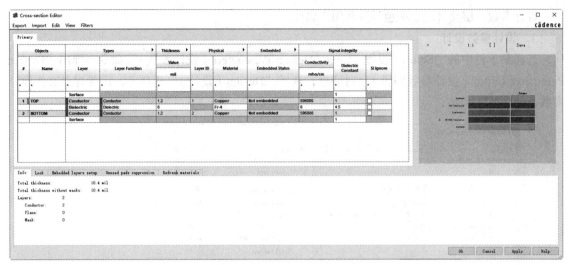

图9-15　"Cross-section Editor（层叠设计）"对话框

3.　颜色设置

选择菜单栏中的"Display（显示）"→"Color/Visibility（颜色可见性）"命令或单击"Setup（设置）"工具栏中的"Color（颜色）"按钮品，也可以按"Ctrl+F5"键，弹出如图9-16所示的"Color Dialog（颜色）"对话框，用户可按照习惯设置编辑器中不同位置的颜色。

图9-16　"Color Dialog（颜色）"对话框

4. 用户属性设置

选择菜单栏中的"Setup（设置）"→"User Preferences（用户属性）"命令，即可打开"User Preferences Editor（用户属性编辑）"对话框，如图9-17所示，设置系统参数，一般选择默认设置。

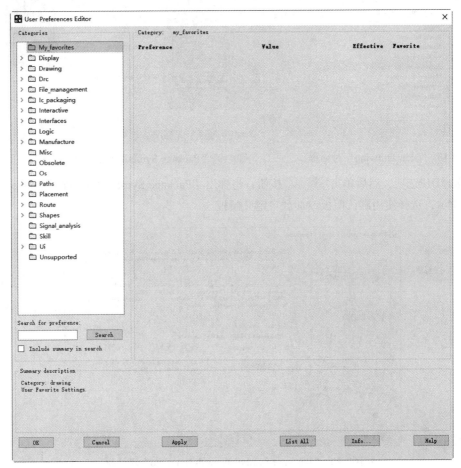

图9-17　"User Preferences Editor（用户属性编辑）"对话框

9.3.2　使用向导建立封装零件

使用Allegro提供的Wizard（向导）功能创建封装零件方便快速。PCB元件向导通过一系列对话框来让用户输入参数，最后根据这些参数自动创建一个封装。

下面将通过建立DIP28封装的例子来说明如何使用Wizard创建零件封装。

1. 选择菜单栏中的"File（文件）"→"New（新建）"命令，弹出的"New Drawing（新建图纸）"对话框，如图9-18所示。在"Drawing Name"文本框内输入"DIP28"，在Drawing Type下拉列表中选择"Package symbol（wizard）"选项，单击 Browse... 按钮，设置存储的路径。

2. 完成设置后，单击 OK 按钮，将弹出"Package Symbol Wizard - Package Type"对话框，如图9-19所示。在"Package Type（封装类型）"选项列表内显示9种元件封装类型。

图9-18 "New Drawing"对话框　　　图9-19 "Package Symbol Wizard-Package Type"对话框

3. 选择DIP选项，然后单击 Next> 按钮，将弹出"Package Symbol Wizard-Template"对话框，如图9-20所示，选择使用默认模板或加载自定义模板。

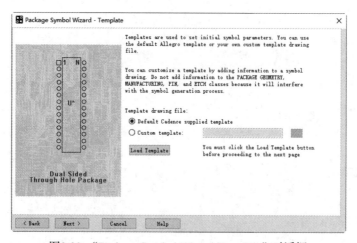

图9-20 "Package Symbol Wizard-Template"对话框

（1）选择"Default Cadence supplied template（使用默认库模板）"选项，单击 Load Template 按钮，加载默认模板。

（2）选择"Custom template（使用自定义模板）"选项，单击■按钮，加载自定义创建的模板文件。

完成设置后，单击 Next> 按钮，弹出"Package Symbol Wizard-General Parameters"对话框，如图9-21所示，在该对话框中定义封装元件的单位及精确度。

4. 单击 Next> 按钮，弹出如图9-22所示"Package Symbol Wizard-DIP Parameters"对话框，通过设置下面的参数，定义元件封装引脚数。

（1）Number of pins（N）：引脚数，输入的封装元件名称为DIP28，系统自动调整引脚数为14。

（2）Lead pitch（e）：上下引脚中心间距默认为100。

（3）Terminal row spacing（el）：左右引脚中心间距默认为300。

（4）Package width（E）：设置封装宽度默认为250。

（5）Package length（D）：设置封装长度默认为800。

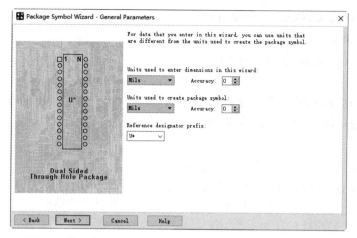

图9-21　"Package Symbol Wizard-General Parameters" 对话框

图9-22　"Package Symbol Wizard-DIP Parameters" 对话框

5. 完成参数设置后，单击 [Next >] 按钮，弹出 "Package Symbol Wizard-Padstacks" 对话框，如图9-23所示，选择要使用的焊盘类型。

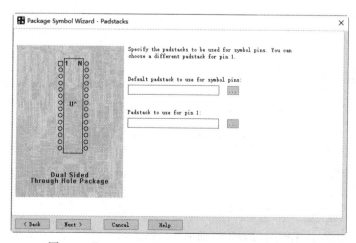

图9-23　"Package Symbol Wizard-Padstacks" 对话框

（1）Default padstack to use for symbol pins：用于符号引脚的默认焊盘。

（2）Padstack to use for pin 1：用于1号引脚的焊盘。

6. 单击选项右侧的 ▢▢ 按钮，弹出"Package Symbol Wizard Padstack Browser"对话框，进行焊盘的选择，如图9-24所示。

完成焊盘设置后，单击 Next > 按钮，弹出"Package Symbol Wizard-Symbol Compilation"对话框，选择定义封装元件的坐标原点，如图9-25所示。

图9-24 "Package Symbol Wizard Padstack Browser"对话框

图9-25 "Package Symbol Wizard-Symbol Compilation"对话框

7. 完成设置后，单击 Next > 按钮，在弹出"Package Symbol Wizard-Summary"对话框内单击 Finish 按钮，如图9-26所示。显示生成后缀名为".dra"".psm"的零件封装，完成封装如图9-27所示。

图9-26 "Package Symbol Wizard-Summary"对话框

图9-27 DIP28封装

9.3.3 手动建立零件封装

使用封装向导来建立封装快捷、方便，但是设计中所用到的封装远不止向导中那几种类型，有可能需要设计许多向导中没有的封装类型，手动建立零件封装不可避免。用手工创建元件引脚封装，需要用直线或曲线来表示元件的外形轮廓，然后添加焊盘来形成引脚连接。元件封装的参数可以放置在PCB的任意图层上，但元件的轮廓只能放置在顶端覆盖层上，焊盘则只能放在信号层上。当在PCB文件上放置元件时，元件引脚封装的各个部分将分别放置到预先定义的图层上。

下面以建立DIP30为例来介绍手动建立封装的操作过程。

1. 设置工作环境

选择菜单栏中的"File（文件）"→"New（新建）"命令，弹出"New Drawing（新建图纸）"对话框，在"Drawing Name（图纸名称）"文本框中输入"DIP30"，在"Drawing Type（图纸类型）"下拉列表中选择"Package symbol（封装符号）"选项，单击 Browse... 按钮，选择新建封装文件的路径，如图9-28所示。

完成参数设置后，单击 OK 按钮，进入到Allegro封装符号的设计界面。

图9-28 "New Drawing（新建图纸）"对话框

2. 放置引脚

（1）选择菜单栏中的"Setup（设置）"→"Design Parameters（设计参数）"命令，弹出"Design Parameter Editor（设计参数编辑器）"对话框，选择默认设置，单击 OK 按钮，完成参数设置。

（2）选择菜单栏中的"Layout（布局）"→"pins（引脚）"命令，打开"Options（选项）"面板，设置添加的引脚参数。

（3）选择"Connect（连接）"选项，绘制有编号的引脚；单击 按钮，弹出"Select a padstack（选择焊盘）"对话框，从列表中选择焊盘的型号，如图9-29所示。

设置其余参数选项：

- Rotation：引脚旋转角度，默认值为0，表示不旋转。
- Spacing：表示输入多个焊盘时，焊盘中心的距离。
- Order：X方向和Y方向上引脚的递增方向。
- Pin#：引脚编号。

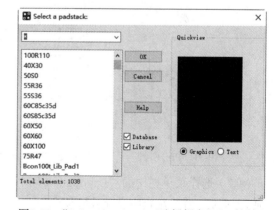

图9-29 "Select a padstack（选择焊盘）"对话框

- Inc：下个引脚编号与现在的引脚编号差值，默认值为1。
- Text block：设置引脚编号的字体。
- Offset X：引脚编号的文字自引脚的原点默认向右偏移值，输入负值，文字在符号左侧。

- Offset Y：引脚编号的文字自引脚的原点默认向上偏移值，输入负值，文字向下偏移。

设置完成的结果如图9-30所示。

（4）此时，鼠标在工作区上显示浮动的绿色焊盘图标，在命令窗口中输入"x 0 0"，按"Enter"键，在坐标（0，0）处放置Pin1，如图9-31所示。在鼠标上继续显示浮动的焊盘图标，可继续在命令行中输入坐标放置焊盘或单击鼠标右键，在弹出的菜单中选择"Done（完成）"命令，结束Pin1的添加。

（5）加入多个引脚。放置好Pin1引脚后，选择菜单栏中的"Layout（布局）"→"Pins（引脚）"命令，打开"Options（选项）"面板，参数进行如下设置：

图9-30 "Options（选项）"面板

选择"Connect（连接）"选项，放置有编号的引脚。

（6）单击 ⋯ 按钮，弹出"Select a padstack（选择焊盘）"对话框，在列表中选择焊盘的型号，如图9-32所示。

设置XQty为1，YQty值为14，表示放置14个引脚。

- Pin#：自动更新为2，表示起始引脚编号为2。
- Inc：选择默认值1，下个引脚编号在现在的引脚编号基础上加1。

其余参数选择默认。在命令窗口输入"x 0 -50"，然后按"Enter"键，即在（x 0 -50）处放置首个引脚，其余引脚中心依次向下偏移50，完成14个引脚的添加，如图9-33所示。一次性放置引脚2～15。

图9-31 Pin1引脚

图9-32 "Select A padstack（选择焊盘）"对话框　图9-33 添加14个引脚

（7）选择菜单栏中的"Layout（布局）"→"Pins（引脚）"命令，打开右侧"Options（选项）"面板，在选项板中设置引脚参数。

- 设置XQty为1，XQty值为15，表示有15个引脚。
- Pin#：自动更新为16，表示要添加的首个引脚编号为16。
- Offset X：引脚编号的文字自引脚的原点默认向右偏移值，输入正值，文字在符号右侧。
- Offset Y：引脚编号的文字自引脚的原点默认向上偏移值，输入负值，文字向下偏移。

其余参数选择默认设置，在命令窗口输入x 200 0，然后按"Enter"键，完成15个引脚的添加，如图9-34所示。

3. 设置元件实体范围和高度

（1）加入零件范围。选择菜单栏中的"Setup（设置）"→"Areas（区域）"→"Package Boundary（封装界限）"命令，设置"Options（选项）"窗口中的Active Class and Subcalss区域下拉框中的选项为"Package Genmetry"和"Place_Bound_Top"，设置"Segment Type"栏值为Line45，如图9-35所示。

（2）在命令框内输入以下命令：

- x –30 –730。
- x 230 –730。
- x 230 30。
- x –30 30。
- x –30 –730。

（3）Allegro将自动填充所要求区域，完成加入零件实体的范围，如图9-36所示。

图9-34　添加其余引脚　　图9-35　设置"Options（选项）"面板内容　　图9-36　加入零件实体范围

（4）设置零件高度。选择菜单栏中的"Setup（设置）"→"Areas（区域）"→"Package Height（封装高度）"命令，设置"Options（选项）"面板中的Active Class and Subclass区域下拉框中的选项为"Package Geometry（几何图形）"和"Place_Bound_Top"。鼠标左键单击一下零件实体范围的形状，在"Options（选项）"面板内的"Max Height（高度）"文本框内输入450，表示零件的高度为450mil，如图9-37所示。在工作窗口内单击鼠标右键，选择"Done（完成）"命令，完成零件高度的设置。

图9-37　Options窗口设置

4. 添加元件外形

零件外形主要用于在电路板上辨识该零件及其方向或大小，具体步骤如下。

（1）选择菜单栏中的"Add（添加）"→"Rectangle（矩形）"命令，在"Options（选项）"面板内进行如下设置：设置"Active Class and Subclass"区域下拉框中的选项为"Package Genmetry"和"Place_Bound_Top"，表示零件外形的层面；在"Line font"下拉列表中选择"Solid"，表示零件外形为实心的线段；如图9-38所示。

在命令窗口中输入"x –30 –730"，按"Enter"键，输入"x 230 30"，再次按"Enter"键。形成一个260×760mil大小的长方形框，如图9-39所示。

图9-38 设置"Options"窗口

图9-39 添加零件外形

（2）添加零件标签。

选择菜单栏中的"Layout（布局）"→"Labels（标签）"命令，打开如图9-40所示的子菜单，包含主要有5种选项命令。

（3）添加零件标签的具体操作步骤如下。

选择菜单栏中的"Setup（设置）"→"Grids（网格）"命令，弹出"Define Grid（定义网格）"对话框。在"Define Grid（定义网格）"对话框内，设置"Non-Etch"区域内的Spacing x值为10，y值为10，如图9-41所示。然后单击 OK 按钮。

图9-40 添加零件标签　　　　图9-41 "Define Grid（定义网格）"对话框

（4）添加底片用零件序号（RefDes For Artwork）。

底片用零件序号在生产文字面底片时参考到零件序号层面，通常放置于引脚1附近。

选择菜单栏中的"Layout（布局）"→"Labels"→"RefDes（零件序号）"命令，打开Options（选项）面板，设置参数，如图9-42所示。

● Active Class and Subclass：在区域中选择元件序号的文字层面为RefDes和Silkscreen_Top。

● Mirror：勾选此复选框，镜像RefDes中的文字。

● Rotate：设置RefDes的文字旋转角度。

● Text block：设置RefDes的文字字体。

● Text just：设置RefDes的文字为对齐方式。

在工作区标签坐标点处单击鼠标左键，靠近Pin1附件，确定RefDes文字的输入位置。

在命令窗口中，输入U*，然后单击鼠标右键，在弹出的快捷菜单中选择"Done（完成）"选项没完成加入底片用零件序号的动作，如图9-43所示。

图9-42　"Options（选项）"面板设置内容（一）

图9-43　添加底片用零件序号

（5）添加摆放用零件序号（Ref Des For Placement）。

摆放用零件序号在摆放零件时参考到零件序号层面，通常放置于零件中心点附近。

选择菜单栏中的"Layout（布局）"→"Labels（标签）"→"Ref Des（零件序号）"命令，打开"Options（选项）"面板，设置Active Class and Subclass：在该区域设置Ref Des的文字层面为Ref Des和Display_Top，如图9-44所示。

在工作区标签坐标点处单击鼠标左键，确定文字的输入位置。

在命令窗口内输入U*，然后单击鼠标右键，在弹出的菜单中选择Done命令，完成摆放用零件需要的添加，如图9-45所示。

图9-44　"Options（选项）"面板设置内容（二）

图9-45　添加摆放用零件序号

（6）编辑零件标签。

选择菜单栏中的"Edit（编辑）"→"Text（文本）"命令，在工作区单击要编辑的元件序号，弹出如图9-46所示的"Text Edit（编辑文本）"对话框，在文本框中输入新的文本内容，单击 OK 按钮，完成修改。

（7）添加零件类型（Device Type）。

图9-46　"Text Edit（编辑文本）"对话框

选择菜单栏中的"Layout（布局）"→"Labels（标签）"→"Device（设备）"命令，打开"Options（选项）"面板，设置Active Class and Subclass区域下拉框中的选项为Device Type和Assembly_Top。其余参数选择默认，如图9-47所示。

在工作区域内单击鼠标左键，确定输入位置，在命令窗口中输入DIP，然后单击鼠标右键，在弹出的菜单中选择Done命令，完成零件类型的添加，如图9-48所示。

图9-47　"Options（选项）"面板设置内容（三）

图9-48　添加零件类型

（8）添加零件中心（Body Center）。

零件中心点用来指定零件中心点的位置。

选择菜单栏中的"Add（添加）"→"Text（文本）"命令，打开"Options（选项）"面板，设置Active Class and Subclass区域下拉框中的选项为Package Geometry（几何图形）和Body_Center。将"Text just"选择Center，表示RefDes的文字为中心对齐。如图9-49所示。

- 在命令窗口中输入"x 100 –350"，按回车键，确定零件中心文字输入的位置。
- 在命令窗口中输入"o"文字，然后单击鼠标右键，在弹出的菜单栏中选择Done命令，完成中心位置的确定，如图9-50所示。

图9-49　"Options（选项）"面板设置内容（四）

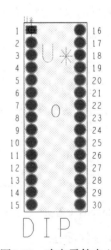

图9-50　确定零件中心

9.4 操作实例

扫码看视频

Allegro的封装库文件可以通过各种编辑器及报表列出的信息，帮助自己进行元器件规则的有关检查，使自己创建的元器件以及元器件库更准确。

（1）执行"开始"→"程序"→"Cadence PCB 17.4-2019"→"PCB Editor 17.4"命令，弹出"Cadence 17.4 ALLEGRO Product Choices"对话框，选择Allegro PCB Designer选项，然后选择 OK 按钮，进入设计系统主界面。

（2）选择菜单栏中的"File（文件）"→"New（新建）"命令，弹出的"New Drawing（新建图纸）"对话框，如图9-51所示。在"Drawing Name"文本框内输入"ATF750C.dra"，在Drawing Type下拉列表中选择"Package symbol（wizard）"选项，单击 Browse. 按钮，设置存储的路径。

（3）完成设置后，单击 OK 按钮，将弹出"Package Symbol Wizard"对话框，如图9-52所示。在"Package Type（封装类型）"选项列表内显示9种元件封装类型。

图9-51 "New Drawing"对话框

图9-52 "Package Symbol Wizard"对话框

（4）选择PLCC/QFP选项，然后单击 Next > 按钮，将弹出"Package Symbol Wizard-Template"对话框，如图9-53所示，选择"Default Cadence supplied template（使用默认库模板）"选项，单击 Load Template 按钮，加载默认模板。

图9-53 "Package Symbol Wizard-Template"对话框

完成设置后，单击 Next > 按钮，弹出 "Package Symbol Wizard-General Parameters" 对话框，如图9-54所示，在该对话框中定义封装元件的单位及精确度。

图9-54 "Package Symbol Wizard-General Parameters" 对话框

（5）单击 Next > 按钮，弹出如图9-55所示 "Package Symbol Wizard-PLCC/QFP Pin Layout" 对话框，定义封装引脚数。

图9-55 "Package Symbol Wizard-PLCC/QFP Pin Layout" 对话框

（6）单击 Next > 按钮，弹出如图9-56所示 "Package Symbol Wizard-PLCC/QFP Parameters" 对话框，定义封装尺寸。

（7）完成参数设置后，单击 Next > 按钮，弹出 "Package Symbol Wizard-Padstacks" 对话框，如图9-57所示，选择要使用的焊盘类型。

（8）单击选项右侧的 ... 按钮，弹出 "Package Symbol Wizard Padstack Browset" 对话框，进行焊盘的选择。

图9-56　"Package Symbol Wizard-PLCC/QFP Parameters"对话框

图9-57　"Package Symbol Wizard-Padstacks"对话框

完成焊盘设置后，单击 Next > 按钮，弹出"Package Symbol Wizard-Symbol Compilation"对话框，选择定义封装元件的坐标原点，如图9-58所示。

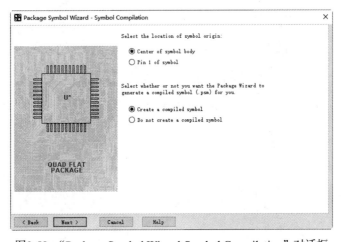

图9-58　"Package Symbol Wizard-Symbol Compilation"对话框

（9）完成设置后，单击 Next 按钮，弹出"Package Symbol Wizard-Summary"对话框内单击 Finish 按钮，如图9-59所示。显示生成后缀名为".dra"、".psm"的零件封装，完成后的封装如图9-60所示。

图9-59 "Package Symbol Wizard-Summary"对话框

图9-60 封装结果

第 ⑩ 章

印制电路板设计

　　设计印制电路板是整个工程设计的最终目的。原理图是示意图，电路板文件则是真正需要加工的实际模型。如果电路板设计得不合理，性能将大打折扣，严重时甚至不能正常工作。

　　本章主要介绍印制电路板的设计流程、物理结构、P 环境参数等知识，使读者对电路板的设计有一个基本的了解。

知识点

- ✦ 印制电路板概述
- ✦ 设计参数设置
- ✦ 建立电路板文件
- ✦ 电路板物理结构
- ✦ 环境参数设置
- ✦ 在PCB文件中导入原理图网络表信息

(10.1) 印制电路板概述

在设计之前，我们首先介绍一下一些有关印制电路板的基础知识，以便用户能更好地理解和掌握以后PCB的设计过程。

10.1.1 印制电路板的概念

印制电路板（Printed Circuit Board），简称PCB，是以绝缘覆铜板为材料，经过印制、腐蚀、钻孔以及后处理等工序，在覆铜板上刻蚀出PCB图上的导线，将电路中的各种元器件固定并实现各元器件之间的电气连接，使其具有某种功能。随着电子设备的飞速发展，PCB越来越复杂，上面的元器件越来越多，功能也越来越强大。

印制电路板根据导电层数的不同，可以分为单面板、双面板和多层板3种。

- 单面板：单面板只有一面覆铜，另一面用于放置元器件，因此只能利用覆了铜的一面设计电路导线和元器件的焊接。单面板结构简单，价格便宜，适用于相对简单的电路设计。对于复杂的电路，由于只能单面布线，所以布线比较困难。
- 双面板：双面板是一种双面都覆有铜的电路板，分为顶层Top Layer和底层Bottom Layer。它双面都可以布线焊接，中间为一层绝缘层，元器件通常放置在顶层。由于双面都可以布线，因此双面板可以设计比较复杂的电路。它是目前使用最广泛的印制电路板结构。
- 多层板：如果在双面板的顶层和底层之间加上别的层，如信号层、电源层或者接地层，即构成了多层板。通常的PCB，包括顶层、底层和中间层，层与层之间是绝缘的，用于隔离布线，两层之间的连接是通过过孔实现的。一般的电路系统设计用双面板和四层板即可满足设计需要，只是在较高级电路设计中，或者有特殊要求时，比如对抗高频干扰要求很高情况下使用六层或六层以上的多层板。多层板制作工艺复杂，层数越多，设计时间越长，成本也越高。但随着电子技术的发展，电子产品越来越小巧精密，电路板的面积要求越来越小，因此目前多层板的应用也日益广泛。

下面我们介绍几个印制电路板中常用的概念。

1. 元器件封装

元器件的封装是印制电路设计中非常重要的概念。元器件的封装就是实际元器件焊接到印制电路板时的焊接位置与焊接形状，包括了实际元器件的外形尺寸、空间位置、各引脚之间的间距等。元器件封装是一个空间的概念，对于不同的元器件可以有相同的封装，同样一种封装可以用于不同的元器件。因此，在制作电路板时必须知道元器件的名称，同时也要知道该元器件的封装形式。

对于元器件封装，我们在第6章中已有详细讲述，在此不再讲述。

2. 过孔

过孔是用来连接不同板层之间导线的孔。过孔内侧一般由焊锡连通，用于元器件引脚的插入。过孔可分为3种类型：通孔（Through）、盲孔（Blind）和隐孔（Buried）。从顶层直接通到底层，贯穿整个PCB的过孔称为通孔；只从顶层或底层通到某一层，并没有穿透所有层的过孔称为盲孔；只在中间层之间相互连接，没有穿透底层或顶层的过孔就称为隐孔。

3. 焊盘

焊盘主要用于将元器件引脚焊接固定在印制板上并将引脚与PCB上的铜膜导线连接起来，以实现电气连接。通常焊盘的有3种形状，圆形（Round）、矩形（Rectangle）和正八边形（Octagonal），如图10-1所示。

图10-1　焊盘

4. 铜膜导线和飞线

铜膜导线是印制电路板上的实际布线，用于连接各个元器件的焊盘。它不同于印制电路板布线过程中飞线，所谓飞线，又叫预拉线，是系统在装入网络报表以后，自动生成的不同元器件之间错综交叉的线。

铜膜导线与飞线的本质区别在于铜膜导线具有电气连接特性，而飞线则不具有。飞线只是一种形式上的连线，只是在形式上表示出各个焊盘之间的连接关系，没有实际电气连接意义。

10.1.2　PCB设计流程

笼统地讲，在进行印制电路板的设计时，我们首先要确定设计方案，并进行局部电路的仿真或实验，完善电路性能。之后根据确定的方案绘制电路原理图，并进行ERC检查。最后完成PCB的设计，输出设计文件，送交加工制作。设计者在这个过程中尽量按照设计流程进行设计，这样可以避免一些重复的操作，同时也可以防止一下不必要的错误出现。

要想制作一块实际的电路板，首先要了解印制电路板的设计流程。印制电路板的设计流程如图10-2所示。

图10-2　印制电路板的设计流程

1. 绘制电路原理图

电路原理图是设计印制电路板的基础，此工作主要在电路原理图的编辑环境中完成。如果电路图很简单，也可以不用绘制原理图，直接进入PCB电路设计。

2. 规划电路板

印制电路板是一个实实在在的电路板，其规划包括电路板的规格、功能、工作环境等诸多因素，因此在绘制电路板之前，用户应该对电路板有一个总体的规划。具体包括确定电路板的物理尺寸、元器件的封装、采用几层板以及各元器件的布局位置等。

3. 设置参数

主要是设置电路板的结构及尺寸、板层参数、通孔的类型、网格大小等。

4. 定义元器件封装

原理图绘制完成后，正确加入网络报表，系统会自动地为大多数元器件提供封装，但是对于用户自己设计的元器件或者是某些特殊元器件必须由用户自己创建或修改元器件的封装。

5. 生成并加载网络报表

网络报表是连接电路原理图和印刷电路板设计之间的桥梁，是电路板自动布线的灵魂。只有将网络报表装入PCB系统后，才能进行电路板的自动布线。

在设计好的PCB上生成网络报表和加载网络报表，必须保证产生的网络报表已没有任何错误，其所有元器件都能够加载到PCB中。加载网络报表后，系统将产生一个内部的网络报表，形成飞线。

6. 元器件自动布局

元器件自动布局是由电路原理图根据网络报表转换成的PCB图。对于电路板上元器件较多且比较复杂的情况，可以采用自动布局。由于一般元器件自动布局都不很规则，甚至有的相互重叠，因此必须手动调整元器件的布局。

元器件布局的合理性将影响到布线的质量。对于单面板设计，如果元器件布局不合理将无法完成布线操作；而对于双面板或多层板的设计，如果元器件布局不合理，布线时将会放置很多过孔，使电路板布线变得很复杂。

7. 元器件手工布局

对于那些自动布局不合理的元器件，可以进行手工调整。

8. 设置布线规则

飞线设置好后，在实际布线之前，要进行布线规则的设置，这是PCB设计所必须的一步。在这里用户要设置布线的各种规则，比如安全距离、导线宽度等。

9. 自动布线

Cadence提供了强大的自动布线功能，在设置好布线规则之后，可以利用系统提供的自动布线功能进行自动布线。只要设置的布线规则正确、元器件布局合理，一般都可以成功完成自动布线。

10. 手工布线

在自动布线结束后，有可能因为元器件布局，自动布线无法完全解决问题或产生布线冲突，此时就需要进行手工布线加以调整。如果自动布线完全成功，则可以不必手工布线。另外，对于一些有特殊要求的电路板，不能采用自动布线，必须由用户手工布线来完成设计。

11. 生成报表文件

印制电路板布线完成之后，可以生成相应的各种报表文件，比如元器件报表清单、电路板信息报表等。这些报表可以帮助用户更好地了解所设计的印制板和管理所使用的元器件。

12.　文件保存，打印输出

生成了各种报表文件后，可以将其打印输出保存，包括PCB文件和其他报表文件均可打印，以便今后工作中使用。

10.2　设计参数设置

在进行PCB设计前，首先要对工作环境进行详细的设置。主要包括板形的设置、PCB图纸的设置、电路板层的设置、层的显示、颜色的设置、布线框的设置、PCB系统参数的设置以及PCB设计工具栏的设置等。

选择菜单栏中的"Setup（设置）"→"Design Paramenter Editor（设计参数编辑）"命令，弹出"Design Paramenter Editor（设计参数编辑）"对话框，如图10-3所示。该对话框中主要需要设置的有7个设置选项卡："Display（显示）、Design（设计）、Text（文本）、Shapes（外形）、Flow Planning（流程规划）、Route（布线）和Mfg Applications（制造应用程序）"。

1．"Display（显示）"选项卡

选择"Display（显示）"选项卡如图10-3所示，设置"Command parameters（命令参数）"，包括5个选项组。

图10-3　"Display（显示）"选项卡

（1）Display（显示）选项。

● Connect point size：连接点大小，系统默认值为10。

● DRC marker size：DRC显示尺寸，系统默认值为25。

● Rat T（Virtual pin）size：T型飞线尺寸，系统默认值为35。

- Max rband count：当放置、移动元件时允许显示的网格飞线数目。当移动零件时，若零件的引脚数大于这个值，就不显示连到这零件引脚上的网络，经过引脚的网络还是显示的，如图10-4所示。

- Ratsnest geometry：飞线的走线模式，在下拉列表中显示有2个选项，"Joggde（飞线呈水平或垂直时自动显示有拐角的线段）"和"Straight（走线为最短的直线线段）"，如图10-5所示。

输入500　　　　　　　　输入100　　　　　　　　Straight模式　　　　Joggde模式

图10-4　设置飞线数目　　　　　　　　　　　图10-5　飞线走线模式

- Ratsnest points：飞线的点距。在其下拉列表中显示有2个选项，"Closest endPoint（显示Etch/Pin/Via最近两点间的距离）"和"Pin to pin（引脚之间最近的距离）"，如图10-6所示。

（2）Display net names（OpenGL only）：显示网络名称。包含3个选项：Clines、Shapes、Pins。

（3）Enhanced display modes：高级显示模式。

- plated holes：显示上锡的过孔。

- Non-plated holes：显示没有上锡的孔。

- Padless holes：显示没有上锡的过孔。

- Filled padS：填满模式，如图10-7所示。

Closest endPoint模式　　　　　　Pin to pin模式　　　　　勾选复选框　　　　不勾选

图10-6　设置飞线点距　　　　　　　　　　　图10-7　焊盘模式

- Connected line endcaps：使导线拐弯处平滑。

- Thermal Pads：热焊盘。

- Bus rats：总线型飞线。

- Waived DRCs：DRC忽略检查。

- Diffpair driver pins：不同对传感器引脚，如图10-8所示。

勾选复选框　　　　　　不勾选

图10-8　传感器引脚模式

ⓘ 注意

　　在 Allegro PCB 文件中，若焊盘是圆圈显示，走线拐角有断接痕迹。需要进行参数设置，下面介绍设置步骤。

　　1. 选择菜单栏中的"Setup（设置）"→"Design Paramenter Editor（设计参数编辑）"命令，在"Display（显示）"选项卡 Enhanced display mode（高级显示模式）选项下勾选"Plated holes，Filled pads，Connect line endcaps（使导线拐弯处平滑）"复选框。

　　2. 按住鼠标中键（如果没有鼠标中键可以按 Shift+ 鼠标右键组合；或者按住上下左右方向键都可以）进行缩放刷新，在走线拐弯连接处已经平滑过渡了。

　　3. 勾选"Filled pads（填满模式）"复选框，按上面的方法刷新，焊盘显示实体的了，不再显示圆圈。

　　4. 勾选"Plated holes（显示上锡的过孔）"复选框，刷新图纸，显示 VIA 的通孔。

（4）Grids：网格。

● Grid on：启动网格。

● Setup grids：网格设置。单击此按钮，弹出"Define Grid（定义网格）"对话框，对网格进行设置，这部分内容会在后面章节进行详细介绍。

（5）Parameter description：参数描述。

2. "Design（设计）"选项卡

"Design（设计）"选项卡如图10-9所示，设置页面属性，包括6个选项组。

图10-9　"Design（设计）"选项卡

（1）Size：图纸尺寸设置。

- User units：设定单位。下拉列表中有5种可选单位，如图10-10所示。Mils表示米制，Inch表示英寸，Microns表示微米，Millimeter表示毫米，Centimeter表示厘米。

- Size：设定工作区的大小标准。若在User units（设定单位）下拉列表中选择Mils（米制）或Inch（英寸）选项，则该选项提供了A、B、C、D、Other这5种不同的尺寸，如图10-11所示；若在User units（使用单位）下拉列表中选择其余3种选项，则该选项提供了A1、A2、A3、A4、Other这5种不同的尺寸，如图10-12所示。

图10-10　选择单位　　　　图10-11　图纸尺寸1　　　　图10-12　图纸尺寸2

- Accuracy：精确性。在文本框中输入小数点后的位数。
- Long name size：名称字节长度。系统默认值为255。

（2）Extents：图纸范围设置。

- LeftX：在该文本框中输入图纸左下角起始横向坐标值。
- LowerY：在该文本框中输入图纸左下角起始纵向坐标值。
- Width：在该文本框中输入图纸宽度。
- Height：在该文本框中输入图纸高度。

（3）Move origin：图纸原点坐标。X、Y分别为移动的相对坐标，输入好后系统会自动更改LeftX、Lower Y的值，以达到移动原点的目的。

（4）Type：图纸类型设置。不能修改，显示当前文件的类型。

（5）Link lock：走线设置。

- Lock direction：锁定方向。包含3个选项：Off（以任意角度进行拐角）、45（以45°角进行拐角）、90（以90°进行拐角）。
- Lock mode：锁定模式。
- Minimum radius：最小半径。
- Fixed 45 Length：45°斜线长度。
- Fixed radius：圆弧走线固定半径值。
- Tangent：切线方式走弧线。

（6）Symbol：图纸符号设置。

- Angle：角度。范围为1°～315°，设置元件默认方向。
- Mirror：镜像。放置元件时旋转至背面。
- Default symbol height：设置为图纸符号默认高度。

3. "Text（文本）"选项卡

本选项卡在"Size（尺寸）"选项组下设置文本属性，如图10-13所示。

- Justification：加text时光标字体的对齐方式。文本有3种对齐方式："Centre（中间对齐）""Right（右对齐）""Left（左对齐）"。

图10-13　"Text（文本）"选项卡

● Parameter block：光标大小的设定。

● Text marker size：文本书签尺寸。

● Setup text sizes：字号设置。单击此按钮，弹出如图10-14所示的"Text Setup（文本设置）"对话框。通过该对话框可方便直观地设置需要的文字大小，或者对已有的文字大小进行修改。

Text Blk	Width	Height	Line Space	Photo Width	Char Space	Name
1	16.0	25.0	31.0	0.0	6.0	
2	23.0	31.0	39.0	0.0	8.0	
3	38.0	50.0	63.0	0.0	13.0	
4	47.0	63.0	79.0	0.0	16.0	
5	56.0	75.0	96.0	0.0	19.0	
6	60.0	80.0	100.0	0.0	20.0	
7	69.0	94.0	117.0	0.0	23.0	
8	75.0	100.0	125.0	0.0	25.0	
9	93.0	125.0	156.0	0.0	31.0	
10	117.0	156.0	195.0	0.0	62.0	
11	131.0	175.0	219.0	0.0	44.0	
12	141.0	188.0	235.0	0.0	47.0	
13	150.0	200.0	250.0	0.0	50.0	
14	167.0	225.0	281.0	0.0	56.0	
15	189.0	250.0	313.0	0.0	63.0	
16	375.0	500.0	625.0	0.0	125.0	

图10-14　"Text Setup（文本设置）"对话框

该对话框中可以设置的标题有："Text Blk（字号类型）""Width（宽度）""Height（高度）""Line Space（行间距）""Photo Width（底片上的字宽）"和"Char Space（字间距）"。

● OK：完成设置后，单击此按钮，确认设置，退出对话框。

● Cancel：单击此按钮，取消设置操作，退出对话框。

- **Reset**：单击此按钮，重置参数。
- **Add**：单击此按钮，添加新的文字类型。
- **Compact**：单击此按钮，合并所有类型，默认有16种中文字样式。
- **Help**：帮助。

4. "Shape（外形）"选项卡

"Shape（外形）"选项卡如图10-15所示，用于设置页面属性，包括3个选项组。

图10-15 "Shape（外形）"选项卡

（1）Edit global dynamic shape parameters：单击此按钮，弹出如图10-16所示的"Global Dynamic Shape Parameters（全局动态形体参数）"对话框，编辑全局动态形体参数。

（2）Edit static shape parameters：单击此按钮，弹出如图10-17所示的"Static Shape Parameters（静态形体参数）"对话框，编辑变形参数。

（3）Edit split plane parameters：单击此按钮，弹出如图10-18所示的"Split Plane Params（分割平面层参数）"对话框，编辑分割平面参数。

图10-16　"Global Dynamic Shape Parameters
（全局动态形体参数）"对话框

图10-17　"Static Shape Parameters
（静态形体参数）"对话框

图10-18　"Split Plane Params（分割平面层参数）"对话框

5. Flow Planning（流程规划）选项卡

"Flow Planning（流程规划）"选项卡如图10-19所示，用于设置电路板流程。

图10-19　"Flow Planning（流程规划）"选项卡

6. "Route（布线）"选项卡

"Route（布线）"选项卡如图10-20所示，用于设置布线参数。

图10-20 "Route（布线）"选项卡

7. "Mfg Applications（制造应用程序）"选项卡

"Mfg Applications（制造应用程序）"选项卡如图10-21所示，用于设置应用程序制造属性，包括4个选项组。

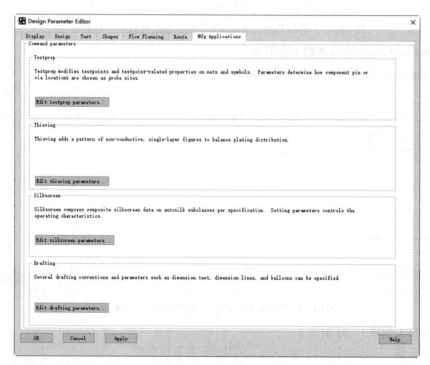

图10-21 "Mfg Applications（制造应用程序）"选项卡

（1）Edit testprep parameters：单击此按钮，弹出如图10-22所示的"Testprep Parameters（测试参数）"对话框，编辑测试参数。

（2）Edit thieving parameters：单击此按钮，弹出如图10-23所示的"Thieving Parameters（变形参数）"对话框，编辑变形参数。

图10-22　"Testprep Parameters（测试参数）"对话框　　　图10-23　"Thieving Parameters（变形参数）"对话框

（3）Edit silkscreen parameters：单击此按钮，弹出如图10-24所示的"Auto Silkscreen（丝印层编辑）"对话框，编辑丝印层参数。

（4）Edit drafting parameters：单击此按钮，弹出如图10-25所示的"Dimensioning Parameters（标注参数）"对话框，编辑图形参数。

图10-24　"Auto Silkscreen（丝印层编辑）"对话框　　　图10-25　"Dimensioning Parameters（标注参数）"

10.3　建立电路板文件

用Allegro软件进行PCB设计最基本的是要建立一块空白电路板，然后定义层面添加板外框等一些动作，Allegro本身提供两种建板的模式：一种是使用向导，另一种是手动创建。

10.3.1 使用向导创建电路板

Allegro提供了PCB设计向导，以帮助用户在向导的指引下建立PCB文件，这样可以大大减少用户的工作量。尤其是在设计一些通用的标准接口板时，通过PCB设计向导，可以完成外形、板层、接口等各项基本设置，十分便利。

操作步骤如下。

1．启动PCB Editor。

2．选择菜单栏中的"File（文件）"→"New（新建）"命令，弹出如图10-26所示的"New Drawing（新建图纸）"对话框。在"Drawing Name（图纸名称）"这一栏里写入电路板名称PCB Board。在"Drwing Type（图纸类型）"下拉列表中选择Board（Wizard）。

3．单击 OK 按钮后关闭对话框，弹出"Board Wizard（板向导）"对话框，如图10-27所示，进入Board（Wizard）的工作环境。在该对话框中显示电路板向导的流程，包括板子的单位，工作区域的大小，原点坐标；板子的外框；栅格间距；板子电气层面的设定；基本的设计规则设定。

图10-26 "New Drawing（新建图纸）"对话框

图10-27 "Board Wizard（板向导）"对话框

4．单击 Next > 按钮，进入图10-28所示的界面。提示用户是否有建好的板子模板需要导入。如果有模板的话选择"Yes（是）"选项然后点击右侧 ... 按钮，弹出如图10-29所示的"Board Wizard Template Browser（搜索板向导模板）"对话框，查找已有模板。选择"No（否）"选项，表示不输入模板。

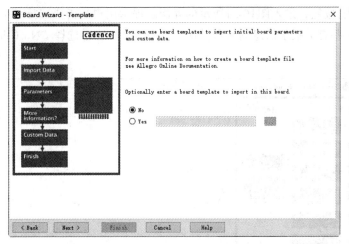

图10-28 "Board Wizard - Template（板向导模板）"对话框

图10-29 "Board Wizard Template Browser（搜索板向导模板）"对话框

5．单击 Next > 按钮，进入图10-30所示的界面。提示用户是否要选择一个已有Tech file（包括了板子的层面和限制设定的参数）导入进来。对两个选项均选择"No（否）"选项，表示不选择Tech file文件与Parameter file文件。

图10-30 "Board Wizard-Tech File/Parameter file（板向导模板）"对话框

6．单击 Next > 按钮，进入图10-31所示的界面。提示用户是否要选择一个已有board symbol（包括板框和其他一些有关板子信息的参数模块）导入进来。这里选择"No（否）"选项，表示不导入参数模块。

图10-31　"Board Wizard - Board Symbol（板向导模板）"对话框

7．单击 Next > 按钮，进入图10-32所示的界面。设置图纸选项，选择Units（单位）、Size（工作区的范围大小），与"Design Parameter Editor（设计参数编辑）"中工作区参数设定相同。其中，Size（工作区的范围大小）下拉列表中下没有自行定义的Other选项。在"Specify the location of the origin for this drawing（设定工作区的原点的位置）"选项下有两个选项："At the lower left corner of the drawing（把原点定在工作区的左下角）"和"At the center of the drawing（把原点定在工作区的正中心）"。

图10-32　"Board Wizard - General Parameters（板向导模板）"对话框

8．单击 Next > 按钮，进入图10-33所示的界面，继续设置图纸参数。

图10-33　"Board Wizard - General Parameters（Continued）（板向导模板）"对话框

下面简单介绍各参数选项。

- Grid spacing：图纸格点大小。这里的格点设定是包括电气和非电气的格点，作图时有其他格点要求的话可以执行菜单命令"Setup（设置）"＞"Grid（格点）"。
- Ecth layer count：设定板子的电气层面的数目。
- Do you want the default definitions of artwork films for these layers to be generated：选择是否要把Ecth layer count中设定的层数加在底片中。
- Generate default artwork films：勾选此选项，出底片时系统会把这几层自动加入。
- Don't generate dartwork films：勾选此选项，在出底片时需要手动加入出底片的层面。

9．单击 Next > 按钮，进入图10-34所示的界面，定义层面的名称和其他条件。

图10-34　"Board Wizard - Etch Cross-section details（板向导模板）"对话框

其中，在"Layer name（层名称）"选项组下用鼠标点击修改需要改名的层面，Top和Bottom为系统默认，这两层是不能改动的。在"Layer type（层类型）"选项下定义该层是一般布线层还是电源层（包括接地层）。

同样的，可以通过用鼠标点击你定义的层，来为它定义是布线层还是电源层，勾选"Generate negative layers for Power planes"选项，系统就会自动把你定义的Power layer在出底片时认为是负片；不勾选，系统还是认为它是正片。

10．单击 Next > 按钮，进入图10-35所示的界面。在这个对话框中可设定在板中的一些默认限制和默认贯孔。

图10-35 "Board Wizard - Spacing Constraints（板向导模板）"对话框

- Minimum Line width：设定在板中系统能允许的最小布线宽度。
- Minimum Line to Line spacing：设定在板中系统能允许的布线与布线的间距最小值。
- Minimum Line to Pad spacing：设定在板中系统能允许的布线与Padstack的间距的最小值。
- Minimum Pad to Pad spacing：设定在板中系统能允许的Padstack与Padstack的间距的最小值。
- Default via padstack：设定在板中系统默认的贯孔。

11．单击 Next > 按钮，进入图10-36所示的界面。在该对话框中定义板框的外形，有两种选择："Circular board（圆形板框）"和"Rectangular board（方形板框）"。

注意

一些特殊外形的板框只能通过自己去建立，或者自行创建 Mechanical Symbol，再从先前的第4步导入创建的模板。Mechanical Symbol 的建立在后面的章节介绍。

12．选择"Rectangular board（方形板框）"选项，单击 Next > 按钮，进入图10-37所示的界面。

下面简单介绍各参数选项。

- Width和Height：确定板框的长和宽的，也就是板子的大小了。
- Cut length：挖掉板子四角的长度，由于挖掉的是个正方形，只需填入一边的长度即可。需勾选"Corner cutoff（挖掉拐角）"复选框，才能设置此选项。

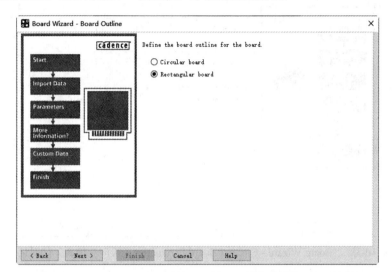

图10-36　"Board Wizard - Board Outline（板向导模板）"对话框

图10-37　"Board Wizard - Rectangular Board Parameters（板向导模板）"对话框

- Route keepin distance：定义布线区域的范围，即与板外框的间距。
- Package keepin distance：定义Package keeping的范围，即与板外框的间距。

Route keepin：设定在此区域内布线，否则操作出错。

Package keeping：设定布局的零件区域，否则操作出错。

13．如果选择"Circular board（圆形板框）"选项，则进入图10-38所示的对话框。
下面简单介绍各参数选项。

图10-38 "Board Wizard - Circular Board Parameters（板向导模板）"对话框

● Diameter：定义圆形板的直径的大小，即板子的大小。

其他选项在上面已介绍，这里不再赘述。

14．单击 Next > 按钮，进入图10-39所示的界面，单击 Finish 按钮，完成向导模式（Board Wizard）板框创建，如图10-40所示。

图10-39 "Board Wizard - Summary（板向导模板）"对话框　　　　图10-40 完成的板框

10.3.2 手动创建电路板

选择菜单栏中的"File（文件）"→"New（新建）"命令或单击"Files（文件）"工具栏中的"New（新建）"按钮□，弹出如图10-41所示的"New Drawing（新建图纸）"对话框。

在"Drawing Name（图纸名称）"文本框中输入图纸名称；在"Drwing Type（图纸类型）"下拉列表中选择图纸类型"Board"。

图10-41　"New Drawing（新建图纸）"对话框

按 OK 按钮结束对话框，进入设置电路板的工作环境。

10.4 电路板物理结构

对于手动生成的PCB，在进行PCB设计前，首先要对板的各种属性进行详细的设置。主要包括板形的设置、PCB图纸的设置、电路板层的设置、层的显示、颜色的设置、布线框的设置、PCB系统参数的设置以及PCB设计工具栏的设置等。

10.4.1 图纸参数设置

在绘制边框前，先要根据板的外形尺寸确定PCB 的工作区域的大小。

在"Design Paramenter Editor（设计参数编辑）"对话框中的Design（设计）选项卡下"Extents（图纸范围）"选项中可以设置图纸边框大小。

该选项组下有4个参数，如图10-42所示，确定这4个参数即可完成边框大小、位置的确定。

板边框所定原点为：（0，0），屏幕的左下角坐标（-10000，-10000）；左上角坐标（-10000，7000）；右上角坐标（11000，7000）；右下角坐标（11000，-10000），这样宽度为21000mm，高度为17000mm，根据这个尺寸就能在"Extents（图纸范围）"中进行设置了，将Left X、Lower Y、Width、Height 设成相应的值。

图10-42　"Extents（图纸范围）"选项

10.4.2 电路板的物理边界

电路板的边框即为PCB的实际大小和形状，也就是电路板的物理边界。根据所设计的PCB在产品中的位置、空间的大小、形状以及与其他部件的配合来确定PCB的外形与尺寸。任何一块PCB都要有边框存在，而且都应该是闭合的，有尺寸可以测量的。

1. 执行命令

- 菜单栏："Add（添加）"→"Line（线）"命令。
- 工具栏："Add（添加）"工具栏中的"Add Line（添加线）"按钮▧。

2. 操作步骤

将鼠标移到工作窗口的合适位置，单击鼠标左键即可进行线的放置操作，每单击左键一次就确定一个固定点，当绘制的线组成了一个封闭的边框时，即可结束边框的绘制。点击鼠标右键，选择快捷命令"Done（完成）"结束命令，绘制结束后的PCB边框如图10-43所示。

通常将板的形状定义为矩形。但在特殊的情况下，为了满足电路的某种特殊要求，也可以将板形定义为圆形、椭圆形或者不规则的多边形。这些都可以通过如图10-44所示的"Add（添加）"菜单或工具栏来完成。

图10-43　绘制的PCB边框

图10-44　"Add（添加）"菜单

3. 精确绘制

采用上述方法绘制的边框无法确定具体尺寸，下面介绍如何精确绘制边框。

（1）执行该命令后，打开右侧图10-45所示的"Options（选项）"面板，进行参数的设置，在下拉列表中分别选择Board Geometry和Outline，同时在下面的文本框中设置"Line lock（隐藏线）""Line width（线宽）"和"Line font（线型）"。

图10-45　"Options（选项）"面板

> 💡 **提示**
>
> 在参数设好之后，我们采用输入坐标的方式精确绘制板框，一般要求PCB的左下角为原点（0，0），修改比较方便。根据结构图计算出PCB右下角坐标将是（1000，0）；右上角坐标将是（1000，1280）；左上角坐标将是（0，1280）。

（2）鼠标点击命令输入窗口，输入字符："x 0 0"（x 空格0 空格0 回车键），注意空格和小写字符，命令输入之后按回车键确认执行该命令。

（3）X轴方向增量200mm，输入字符："ix 1000"或"x 1000, 0"注意鼠标的位置不影响坐标。

（4）Y轴方向增量128mm，输入字符："iy 1280"或"x 1000, 1280"。

（5）X轴方向增量-200mm，输入字符："ix -1000"或"x 0, 1280"。

（6）Y轴方向增量-128mm，输入字符："iy -1280"或"x 0, 0"。

两种输入方法各有优缺点，读者可根据所需随意选择坐标输入方法。

（7）点击鼠标右键，选择快捷命令"Done（完成）"结束命令。

4．选项说明

下面简单介绍"Options（选项）"面板中各参数。

（1）"Line lock（隐藏线）"：在该选项中分别设置边框线类型及角度。

在左侧下拉列表中有"Line（线）""Arc（弧）"两种边框线；在右侧下拉列表中显示"45""90""Off"3种角度值。选择"Line（线）"绘制边框的方法简单，这里不再赘述。

若选择"Arc（弧）"绘制边框，则完成设置后，单击鼠标左键确定起点，向右拖动鼠标，拉伸出一条直线，如图10-46（a）所示，也可向上拖动，分别拖动出不同形状的弧线，如图10-46（b）和（c）所示。

确认形状后单击左键一次确定一个固定点，同样的方法确定下一段线的形状，最终结果如图10-47所示。

（a）　　　　　　（b）　　　　　　（c）

图10-46　确定弧线形状

图10-47　弧形边框

（2）"Line width（线宽）"：在该文本框中设置边框线的线宽。

要编辑绘制完成的边框线线宽，则选中要编辑的边框线，单击鼠标右键，弹出如图10-48所示的快捷菜单，选择"Change Width（修改宽度）"命令，弹出如图10-49所示的"Change Width（修改宽度）"对话框，在"Enter width（输入宽度）"文本框中输入要修改的宽度值，单击 OK 按钮，关闭对话框，完成修改。用同样的方法修改其余边框线，最终结果如图10-50所示。

图10-48　快捷菜单　图10-49　"Change Width（修改宽度）"对话框　图10-50　修改后的边框

（3）"Line font（线型）"：设置边框线的显示类型。

在下拉列表中显示5种类型，如图10-51所示。

图10-51　选择线

电路板的最佳形状为矩形长宽比为3:2或4:3，电路板面尺寸大于200mm×150mm时，应考虑电路板的机械强度。

10.4.3　编辑物理边界

通常PCB都要将边缘进行倒圆角处理，这样电路板实际在搬运过程中减少尖角划破皮肤、衣服或机柜表漆等。倒角方式有2种：圆角和45°。

选择菜单栏中的"Manufacture（制造）"→"Drafting（设计图）"命令，弹出如图10-52所示的子菜单。本节主要介绍"Chamfer（倒角）"和"Fillet（圆角）"命令。

1. "Chamfer（倒角）"命令：将两条相交或将要相交的直线改成斜角相连。

执行该命令后，打开"Options（选项）"面板，显示如图10-53所示的参数。

图10-52　子菜单

● First：第一条线的折角。

● Second：第二条线的折角。

● Chamfer angle：折角的度数，可以选择下拉列表中的角度值，也可以输入任意值。

按照图10-53设置参数，选择角度值为45°，选择边框左上角2条相交线，倒角结果如图10-54所示。

2. "Fillet（圆角）"命令：将两条相交或将要相交的直线改成圆弧相连。

执行该命令后，打开"Options（选项）"面板，显示如图10-55所示的参数。在"Radius（半径）"文本框中输入圆弧的半径值。对边框右侧边线进行操作，结果如图10-56所示。

图10-53　倒角参数设置　　图10-54　倒角结果　　图10-55　圆角的参数设置　　图10-56　倒圆角结果

10.4.4　放置定位孔

为确定电路板的安装位置，需在电路板四周安装定位孔，下面介绍定位孔的放置过程。

1．执行命令

● 菜单栏："Place（放置）"→"Manually（手工放置）"命令。

● 工具栏："Place（放置）"工具栏中的"Place Manual（手工放置）"按钮 。

2．操作步骤

（1）执行该命令后，弹出如图10-57所示的"Placement（放置）"对话框。如图10-58所示，选择"Advanced Settings（预先设置）"选项卡，在"List construction（设计目录）"选项组下，勾选"Library（库）"复选框，默认勾选"Database（数据库）"复选框，如图10-58所示。

图10-57　"Placement（放置）"对话框

图10-58　"Advanced Settings（预先设置）"选项卡

（2）选择"Placement List（放置列表）"选项卡，在下拉列表中选择"Mechanical symbols（数据包符号）"选项，单击左边的"＋"号，显示加载的库中的元件，如图10-59所示，MTG为前缀的符号均为定位孔符号。在选中对象的左端的方格中打上"√"表示选中，将其拖动到PCB板上单击完成放置，也可勾选对象后在命令行输入"x 5 5"，按回车键精确确认放置位置。

3．选项说明

（1）右侧"Options（选项）"面板参数的设置如图10-60所示。

（2）选择"Placement List（放置列表）"选项卡左侧下拉列表，左侧"Components（元件）"文

图10-59　选择符号

本框上方的下拉列表中有7种选项。下面介绍常用的几种类型，如图10-61所示。

● Components by refdes：允许选择一个或多个元件序号，存放在Database（数据库）中。

● Components by net group：允许选择一个或多个元件组件，存放在Database（数据库）中。

● Package Symbols：允许布局封装符号（不包含逻辑信息，即网络表中不存在的），存放在

Database（数据库）中。

图10-60　放置元件的参数设置

图10-61　选择类型

- Mechanical Symbols：允许布局机械符号，存放在Library（库）中。
- Format Symbols：允许布局格式符号，存放在Library（库）中。

（3）"Selection filters（选择过滤器）"区域。

- Match：选择与输入的名字匹配的元素，可以使用通配符"*"选择一组元件，如"U*"。
- Property：按照定义的属性布局元件。
- Room：按照Room定义布局。
- Part#：按照元件布局。
- Net：按照网络布局。
- Schematic page number：按照原理图页放置。
- Place by refdes：按照元件序号布局。

10.5 环境参数设置

10.5.1 设定层面

PCB一般包括很多层，不同的层包含不同的设计信息。制板商通常是将各层分开做，期后经过压制、处理，最后生成各种功能的电路板。

Allegro系统默认的PCB板都是两层板，即TOP层和BOTTOM层。在电路设计中可能需要添加不同层，在对电路板进行设计前可以对板的层数及属性进行详细的设置，

1. 执行方式

- 菜单栏："Setup（设置）"→"Cross-section（层叠结构）"命令。
- 工具栏："Setup（设置）"工具栏中的"Cross-section（层叠结构）"按钮 。

2. 操作步骤

执行此命令后，弹出如图10-62所示的"Cross-section Editor（层叠设计）"对话框，在该对话框中可以增加层、删除层以及对各层的属性进行编辑。

该对话框的表格显示了当前PCB图的层结构。在这个对话框列表最上方显示板子的层面数、层面的材质、层面名等。

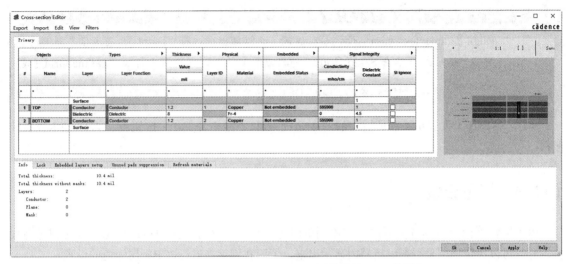

图10-62　"Cross-section Editor（层叠设计）"对话框

- Types：层面的类型，包含Surface、Conductor、Dielectric和Plane这4个选项。
- Material：从下拉列表中选择材料，用鼠标点击■后，就可以在里面选择你想要的那个层面的材料了（其中FR-4是常用的绝缘材料，Copper是铜箔）。
- Thickness：分配给每个层的厚度。

在列表层任意对象上单击鼠标右键，弹出如图10-63所示的对话框，选定一层为参考层进行添加时，添加的层将出现在参考层的下面或上面。

图10-63　快捷命令

10.5.2　设置栅格

选择菜单栏中的"Setup（设置）"→"Grids（网格）"命令，弹出如图10-64所示的"Define Grid（定义网格）"对话框，在该对话框中主要设置显示Layer（层）的Offset（偏移量）和Spacing（格点间距）参数。

需要设置格点参数的层有Non-Etch（非布线层）、All Etch（布线层）、TOP（顶层）、BOTTOM（底层）。勾选Grid on（显示栅格）复选框，显示栅格，在PCB中显示对话框中设置的参数；否则，不显示栅格。

布局时，栅格设为100mil、50mil或25mil，布线时，栅格可设为1mil。

图10-64　"Define Grid（定义网格）"对话框

> ⓘ 注意
>
> 在"Design Paramenter Editor(设计参数编辑)"对话框中选择"Display(显示)"选项卡,在 Grids(网格)选项组下单击 Setup Grids(网格设置)按钮,同样可以弹出"Define Grid(定义网格)"对话框。

单击"Setup(设置)"工具栏中的"Grid Toggle(栅格开关)"按钮▦,可以显示或关闭栅格。

10.5.3 颜色设置

PCB编辑器内显示的各个板层具有不同的颜色,以便于区分。用户可以根据个人习惯进行设置,并且可以决定该层是否在编辑器内显示出来。下面我们就来进行PCB板层颜色的设置。

1.选择菜单栏中的"Display(显示)"→"Color/Visibility(颜色/可见性)"命令或单击"Setup(设置)"工具栏中的"Color(颜色)"按钮▦,也可以按"Ctrl+F5"键,弹出如图10-65所示的"Color Dialog(颜色)"对话框。

图10-65 "Color Dialog(颜色)"对话框

在该对话框中有5个选项卡,选择不同选项,显示不同界面,进行相应设置。

2．选择"Layers（层）"选项卡，在左侧列表中显示需要设置颜色的选项，右侧列表框中显示对应选项的子集选项。选择要设置的选项，在"Available Colors（可用颜色）"颜色组中选择所选颜色；单击"Selected（选中的颜色）"选项中的颜色，弹出如图10-66所示的"Select Color（选择颜色）"对话框，在该对话框中选择任意颜色。

图10-66　"Select Color（选择颜色）"对话框

3．单击"Nets（网络）"选项卡，对话框显示为图10-67所示的界面，设置网络颜色与设置板颜色基本相同。在"Filter nets（过滤网络）"文本框中输入关键词。

图10-67　"Nets（网络）"选项卡

10.5.4　板约束区域

对边框线进行设置主要是给制板商提供制作板形的依据。用户还可以在设计时直接定义约束区域，约束区域比outline（物理边界）的范围要小，如果大小相同则会使布线和零件有损伤。

约束区域也可称之为电气边界，用来界定元器件放置和布线的区域范围。在PCB元器件自动布局和自动布线时，电气边界是必需的，它界定了元器件放置和布线的范围。通常电气边界应该略小于物理边界，在日常使用过程中，电路板难免会有磨损，为了保证电路板能够继续使用，在制板过程中需要留有一定余地，在物理边界损坏后，内侧的电气边界完好，其中的元器件及其电气关系保持完好，电路板可以继续使用。

各种约束区域定义主要通过"Setup（设置）"→"Areas（区域）"子菜单来完成，如图10-68所示。

约束区域共有以下11种："Package Keepin（元件允许布局区）""Package Keepout（元件不允许布局区）""Package Height（元件高度限制）""Route Keepin（允许布线区）""Route Keepout（禁止布线区）""Wire Keepout（不允许有线）""Via Keepout（不允许有过孔）""Shape Keepout（不允许敷铜）""Probe Keepout（禁止探测）""Gloss Keepout（禁止涂绿油）""Photoplot Outline（菲林外框）"。

下面首先介绍确定允许放置区域的操作步骤。

1. 选择菜单栏中的"Setup（设置）"→"Areas（区域）"→"Package Keepin（元件允许布局区）"命令，打开图10-69所示的"Options（选项）"面板。

图10-68　"Areas（区域）"子菜单　　　　　图10-69　"Options（选项）"面板

在"Active Class and Subclass（有效的集和子集）"选项组下默认选择"Package Keepin""All"选项。

在"Segment Type（线类型）"选项组下"Type（类型）"下拉列表中显示4个选项：Line（线）、Line 45（45°线）、Line Orthogonal（直角线）、Arc（弧线），这里选择Line（线）。

完成设置后，移动鼠标到电路板边框内部，单击鼠标左键确定起点，然后移动鼠标多次单击确定多个固定点设定区域尺寸，如图10-70所示，连接起始点和结束点，单击鼠标右键选择"Done（完成）"命令，完成允许布局区域的定义，如图10-71所示。

2. 位于电路板边缘的元件，离电路板边缘一般应不小于2mm，因此允许布局元件区域应与电路板的物理边界间隔应在2mm以上。如果允许零件布线摆放区域形状和允许布线区域形状类似，可使用下面介绍的方法，简单、实用。

选择菜单栏中的"Edit（编辑）"→"Z-copy（复制）"命令，打开右侧"Options（选项）"面板，如图10-72所示。

图10-70　确定固定点

图10-71　完成区域绘制

图10-72　"Options（选项）"面板

3．在"Copy to Class/Subclass（复制集/子集）"选项组下依次选择"Package Keepin""All"选项。

在"Shape Options（外形选项）"选项组下有以下两个选项。

（1）"Copy（复制）"选项：选择是否要复制外形的Voids（孔）和Netname（网络名），这主要针对Etch层的Shape。

（2）Size（尺寸）：选择复制后的Shape是Contract（缩小）还是Expand（放大）；在"Offset（偏移量）"中输入要缩小或扩大的数值。

完成参数设置后，在工作区中的边框线上单击，自动添加有适当间距的允许布局区域线，如图10-73所示。

图10-73　添加允许布局区域

> **注意**
>
> 执行 Z-Copy 命令时，如果绘制的 Outline 是由"Shape（形状）"命令中的子命令绘制时，须在"Find（查找）"选项板中勾选"Shape（形状）"复选框，否则无法完成操作；如果绘制的 Outline 是由"Line（线）"组合而成，须在"Find（查找）"选项板中勾选"Line（线）"选项，否则无法完成操作。

绘制其他类型的区域，步骤相同，这里不再赘述。

10.6　在PCB文件中导入原理图网络表信息

网络表是原理图与PCB图之间的联系纽带，原理图的信息可以通过导入网络表的形式完成与PCB之间的同步。进行网络表的导入之前，必须确保在原理图中网络表文件的导出。网络报表是电路原理图的精髓，是原理图和PCB连接的桥梁，没有网络报表，就没有电路板的自动布线。

下面介绍在Allegro中网络表的导入操作。

1．启动PCB Editor。

2．新建电路板文件。

3．选择菜单栏中的"File（文件）"→"Import（导入）"→"Logic/Netlist（原理图）"命令，如图10-74所示，弹出如图10-75所示的"Import Logic/Netlist（导入原理图）"对话框。

图10-74 "Files（文件）"菜单命令　　　图10-75 "Import Logic/Netlist（导入原理图）"对话框

由于在Capture中原理图网络表的输出有两种，因此在Allegro中根据使用不同方法输出的网络表，有2种导入方法。

选择"Cadence"选项卡，导入在Capture里输出的网络表（Netlist）时选择"PCB Editor"方式的网络表。

为了方便对电路板的布局，需要给在原理图中的元件添加必要属性，包含属性的原理图输出网络表时选择"PCB Editor"方式，输出的网络表包含元件的相关属性，则使用"Cadence"方式导入该网络表。

在"Import logic type（导入的原理图类型）"选项组下有2个绘图工具：Design entry HDL和Design entry CIS（Capture），根据原理图选择对应的工具选项，表示导入不同工具生成的原理图网络表；在"Place changed component（放置修改的元件）"选项组下默认选择"Always（总是）"，表示无论元件在电路图中是否被修改，该元件放置在原处；"HDL Constraint Manager Enabled Flow options（HDL约束管理器更新选项）"选项只有在Design entry HDL生成的原理图进行更新时才可用，该选项组包括"Import changes only（仅更新约束管理器修改过的部分）"和"Overwrite current constraints（覆盖当前电路板中的约束）"。

该选项卡中还包含4个复选框，可根据所需选择。

- Allow etch removal during ECO：勾选此复选框，进行第二次以后的网络表输入时，Allegro会删除多余的布线。
- Ignore FIXED property：勾选此复选框，在输入网络表的过程中对有固定属性的元素进行检查时，忽略此项产生的错误提示。
- Create user-defined properties：勾选此复选框，在输入网络表的过程中根据用户自定义属性在电路板内建立此属性的定义。

● Create PCB XML from input data：勾选此复选框，在输入网络表的过程中，产生XML格式的文件。单击"Design Compare（比较设计）"按钮，用PCB Design Compare工具比较差异。

在"Import directory（导入路径）"文本框中，单击右侧按钮▇▇，在弹出的对话框中选择网表路径目录（一般在原理图工程文件夹下的allegro下），单击"Import"按钮，导入网络表，出现进度对话框，如图10-76所示。

图10-76　导入网络表的进度对话框

1. 单击"Viewlog"按钮，打开"nctrcv.lst"，查看错误信息。也可选择菜单栏中的"Files（文件）"→"Viewlog（查看日志）"命令，同样可以打开如图10-77所示的窗口，查看网络表的日志文件。

正确信息　　　　　　　　　　　　　　　　　显示警告信息

图10-77　网络表的日志文件

2. 选择"Other"选项卡，显示如图10-78所示的选项卡，设置参数选项，导入在Capture里输出网络表（Netlist）时选择"Other"方式的网络表。

图10-78　"Other"选项卡

对于没有添加元件属性的原理图，使用"Other"方式输出的网络表下也没有元件属性，这就需要用到Device文件。Device是一个文本文件，内容是描述零件以及引脚的一些网络属性。

3．在"Import netlist（导入网络表）"文本框中输入的网络表文件的名称。

（1）Syntax check only：勾选此复选框，不进行网络表的输入，仅对网络表文件进行语法检查。

（2）Supersede all logical data：勾选此复选框，比较要输入的网络表与电路板内的差异，再将这些差异更新到电路板内。

（3）Append device files log：勾选此复选框，保留Device文件的log记录文件，同时添加新的log记录文件。

（4）Allow etch removal during ECO：勾选此复选框，进行第二次以后的网络表输入时，Allegro会删除多余的布线。

（5）Ignore FIXED property：勾选此复选框，在输入网络表的过程中对有固定属性的元素进行检查时，忽略此项产生的错误提示。

单击 Import 按钮，导入网络表，具体步骤同上，这里不再赘述。

完成网络表导入后，选择菜单栏中的"place（放置）"→"manually（手动放置）"命令，在弹出的对话框中查看有无元件。

第 11 章

布局

在完成网络表的导入操作后，元件已经加载到电路板文件中，封装元件放置到电路板中后需要对元件封装进行摆放，最后开始元件的布局。

好的布局通常使具有电气连接的元件引脚比较靠近，这样可以使走线距离短，占用空间比较小，从而使整个电路板的导线能够易于连通，获得更好的布线效果。

知
识
点

✦ 摆放封装元件
✦ 基本原则
✦ 自动布局
✦ PCB设计规则

11.1 添加Room属性

在不同的功能的Room中放置同属性的元器件，将元件分成多个部分，在摆放元件的时候就可以按照Room属性来摆放，将不同功能的元件放在一块，布局的时候好拾取。简化布局步骤，减小布局难度。

添加Room属性有两种方法：一种是在原理图中，另一种是在PCB中设置，在原理图中添加Room属性的方法前面已经介绍，现在介绍如何在PCB中添加Room属性。

导入网表后，在Allegro页面中，选择菜单栏中的"Edit（编辑）"→"Properties（属性）"命令，在右侧的"Find（查找）"面板下方"Find By Name（通过名称查找）"下拉列表中选择"Comp (or Pin)"，如图11-1所示。

单击"More（更多）"按钮，弹出"Find by Name or Property（通过名称或属性查找）"对话框，在该对话框中选择需要设置Room属性的元件并单击此按钮将其添加到"Selected objects（选中对象）"列表框，如图11-2所示。

图11-1 "Find（查找）"面板　　图11-2 "Find by Name or Property（通过名称或属性查找）"对话框

单击 Apply 按钮，弹出"Edit Property（编辑属性）"对话框，在左侧"Available Properties（可用属性）"列表中选择"Room"并单击，在右侧显示"Room"并设置其Value值，在"Value（值）"文本框中输入CPU，表示选中的几个元件都是CPU的元件，或者说这几个元件均添加了Room属性，如图11-3所示。

完成添加后，单击 Apply 按钮，完成在PCB中Room属性的添加，弹出"Show Properties（显示属性）"对话框，在该对话框中显示元件属性，如图11-4所示。

> **注意**
>
> 选择多个元件添加 Room 属性后，默认添加 Signal_Model 属性。

Room的添加主要是用来对布局后期细化时使用的，将所有元件均添加Room属性，并按照属性名称将元件分类放置，激活"Move（移动）"命令，在右下角输入名字来寻找元件，即可放置。

图11-3 "Edit Properties（编辑属性）"

若觉得元件放完后电路板线路过于繁琐，选择菜单栏中的"Display（显示）"→"Blank Rats（不显示飞线）"→"All（全部）"命令，即可隐藏Room的外框线，使电路板变得清晰。

完成Room属性的添加后，需要在电路板中确定Room的位置，下面介绍其过程。

选择菜单栏中的"Setup（设置）"→"Outlines（外框线）"→"Room Outlines（区域布局外框线）"命令，将弹出"Room Outline（区域布局外框线）"对话框，如图11-5所示。

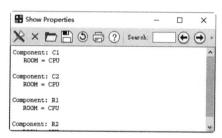

图11-4 "Show Properties（显示属性）"对话框　　图11-5 "Room Outline（区域布局外框线）"对话框

对话框内选项参数设置如下。

1. "Command Operations（命令操作）"区域。

共有4个选项，分别是Create（创建空间）、Edit（编辑空间）、Move（移动空间）和Delete（删除空间）。

2. "Room Name（空间名称）"区域。

为用户创建的新空间命名以及在下拉列表中选择用户要修改、移动或删除的空间。

3. "Side of Board（板边）"区域。

设置空间的位置，有3个选项：Top（在顶层）、Bottom（在底层）、Both（都存在）。

4. "ROOM_TYPE Properties（空间类型属性）"区域。

在此区域内进行Room类型属性的设置，分为2个选项。

（1）Room：空间，在下拉列表中显示如图11-6所示的选项。

（2）Design level：设计标准。在下拉列表中显示如图11-7所示的选项。

图11-6　Room类型　　　　　　　　　　　　　　图11-7　设计标准

5．"Create/Edit Options（创建/编辑选项）"区域：在此区域内进行Room形状的选择，有以下3个选项。

（1）Draw Rectangle：选择此项，绘制矩形，同时定义矩形的大小。

（2）Place Rectangle：选择此项，按照指定的尺寸绘制矩形，在文本框中输入矩形的宽度与高度。

（3）Draw Polygon：选择此项，绘制任意形状的图形。

在命令窗口内输入"x 0 0"，按回车键，再键入"x 1950 1000"，并再按下"Enter"键，此时显示添加的Room，如图11-8所示。

6．在"Room Outline"对话框内继续设置下一个Room所在层以及名称，在命令窗口内输入命令，确定位置，重复操作，添加好需要的Room后，在"Room Outline"对话框内单击 OK 按钮，退出对话框。

图11-8　添加Room

11.2 摆放封装元件

网络报表导入到Allegro后，所有元器件的封装加载到数据库中，我们首先需要对这些封装进行放置，即将封装元件从数据库放置到PCB中，将所有封装元件放置到PCB中后才可以对封装元件进行布局操作，封装元件合理地摆放，不单单只是将封装元件杂乱无章地放置到PCB中，对元件按属性分化摆放会减轻布局操作的工作量。下面将介绍如何对封装元件进行摆放操作。

11.2.1　元件的手工摆放

元件的摆放方式可分为手工摆放和快速摆放两种，在本节中主要介绍如何进行手工摆放。

1．放置元件封装

选择菜单栏中的"Place（放置）"→"Manually（手动放置）"命令，弹出"Placement（放置）"对话框，选择"Advanced Settings（预先设置）"选项卡，进行如图11-9所示的设置。

（1）该选项卡提供Netlis（网络表）带入的零件名称，勾选后可以直接放置在PCB中，根据具体架构及摆放规则放置零件。

在"Placement List（放置列表）"选项卡中，Quick view（缩略图）是针对所选的零件的一个预览窗口，可以看到零件的外形。

选择"Graphics（图形）"单选钮可以看到零件的外形，选择"Test（文本）"单选钮可以了解零件的定义。

（2）在"Placement List（放置列表）"选项卡中的列表是针对所有零件，摆放前可以进行筛选，如按字母或者按零件的类型进行筛选，然后勾选零件就可以摆放在PCB上。选择"Components by refdes（按照元件序号）"选项，按照序号摆放元件，如图11-10所示。

图11-9 "Advanced Settings（预先设置）"选项卡

图11-10 "Placement List（放置列表）"选项卡

（3）在"Components（元件）"区域内选择放置元件后，滑动鼠标将元件放置在编辑区内。

（4）将所有的封装添加到编辑区内，然后点击 Close 按钮，结束摆放操作。

2. 检查摆放结果

选择菜单栏中的"Display（显示）"→"Element（元件信息）"命令，打开"Find（查找）"面板并按下"All Off（全部关闭）"按钮，取消所有对象的选择，然后选中"Comps"选项，在编辑区内单击元件封装，弹出"Show Element（显示元件信息）"对话框，可在该对话框中查看元件属性，如图11-11所示。

3. 高亮GND和VCC网络

当对元件封装进行摆放时，电源和地网络

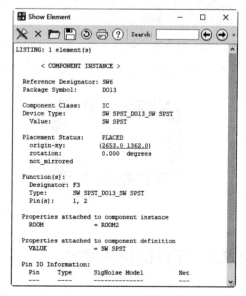

图11-11 "Show Element（显示元件信息）"对话框

没有飞线，因为在导入网络表时，电源和地网络将被自动加入"NO_Rat（不显示飞线）"属性，在摆放元件时将不会显示飞线，因此需要通过高亮显示这些网络来确定摆放的位置。使用不同的颜色高亮这些网络，将知道在什么位置摆放连接这些网络的分离元件封装。

4．具体的操作步骤

图11-12 "Options（选项）"面板

（1）选择菜单栏中的"Display（显示）"→"Highlight（高亮）"命令，在打开的"Options（选项）"面板内选择显示颜色，如图11-12所示。在"Find（查找）"窗口内选中"Nets（网络）"选项框，在"Find By Name（按名称查找）"区域选择"Net（网络）"和"Name（名称）"，并输入VCC，如图11-13所示。

（2）按回车键后，电源网络将高亮显示，如图11-14所示。

（3）在"Options（选项）"面板内选择另一种颜色，在"Find（查找）"面板内选中"Nets（网络）"选项框，在"Find By Name（按名称查找）"区域选择"Net（网络）"和"Name（名称）"，并输入GND，如图11-15所示。

图11-13 "Find（查找）"面板（一）　　　图11-14 高亮显示电源网络　　　图11-15 "Find（查找）"面板（二）

（4）按回车键，接地网络将高亮显示，如图11-16所示。

图11-16 高亮显示接地网络

11.2.2　元件的快速摆放

自动摆放适合于元器件比较多的情况。Allegro提供了强大的PCB自动摆放功能，设置好合理的摆放规则参数后，采用自动摆放将大大提高设计电路板的效率。

PCB编辑器根据一套智能的算法可以自动地将元件分开，然后放置到规划好的摆放区域内并进行合理的摆放。这样可以节省很多时间，把零件一个一个调出来，加快了摆放的速度。

> **注意**
>
> 选择菜单栏中的"Setup（设置）"/"Design Parameters（设计参数）"命令，在弹出"Design Parameter Editor（设计参数编辑）"对话框中选择Display选项卡，并且在此选项卡中不勾选"Filled pads（填充焊盘）"选项，如图11-17所示，然后点击 OK 按钮，完成设置。

1．选择菜单栏中的"Place（放置）"→"Quickplace（快速摆放）"命令，将弹出"Quickplace（快速摆放）"对话框，如图11-18所示。

图11-17　不选择Filled pads选项　　　图11-18　"Quickplace（快速摆放）"对话框

2．在"Placement Filter（摆放过滤器）"区域有8种摆放方式。

（1）Place by property/value：按照元件属性和元件值摆放元件。

（2）Place by room：摆放元件到Room中，将具有相同Room属性的元件放置到对应的Room中。

（3）Place by part number：按元件编号在板框周围摆放元件。

（4）Place by net name：按网络名摆放。

（5）Place by schematic page number：当有一个Design Entry HDL原理图时，可以按页摆放元件。

（6）Place all components：摆放所有元件。

（7）Place by associated components：摆放关联元件。

（8）Place by refdes：按元件序号摆放，可以按照元件的"Type（分类）"选择勾选 IO（无源元件）、IC（有源元件）和Discrete（分离元件）来摆放，或者三者的任意组合；在"Number of Pins（序号数）"文本框中设置元件序号的最大值与最小值。

3．"Placement position（摆放位置）"区域。

（1）Place by partition：当原理图是通过Design Entry HDL设计时，按照原理图分割摆放。

（2）By user pick：摆放元件于用户单击的位置，单击"Select origin（选择原点）"按钮，在电路板中单击，显示原点坐标，即摆放时以此坐标点开始摆放。

（3）Around package keepin：表示摆放元件允许的摆放区域。在"Edge（边）"区域中显示元件摆放在板框位置：Top（顶部）、Bottom（底部）、Left（左边）和Right（右边）。在"Board Layer（板层）"区域显示元件摆放在"Top（顶层）"还是"Bottom（底层）"。

（4）Symbols placed：显示摆放元件的数目。

（5）Place components from modules：摆放模块元件。

（6）Unplaced symbol count：未摆放的元件数。

单击 Place 按钮，对元件进行摆放操作，单击 OK 按钮，关闭对话框，电路板元件摆放显示如图11-19所示。

图11-19　快速摆放结果

11.3 基本原则

印制电路板中元器件的布局、布线的质量，对电路板的抗干扰能力和稳定性有很大的影响，所以在设计电路板时应遵循PCB设计的基本原则。

元器件布局不仅影响电路板的美观，而且还影响电路的性能。在布局前首先需要进行布局前的准备工作，绘制板框、确定定位孔与对接孔的位置、标注重要网络等；然后进行布局操作，根据原理图进行布局调整；最后进行布局后的检查，如空间上是否有冲突、元件排列是否整齐有序等。在元器件布局时，应注意以下几点。

- 按照关键元器件布局，即首先布置关键元器件，如单片机、DSP、存储器等，然后按照地址线和数据线的走向布置其他元器件。
- 对于工作在高频下的电路要考虑元件之间的布线参数，高频元器件引脚引出的导线应尽量短些，以减少对其他元器件以及电路的影响。
- 模拟电路模块与数字电路模块分开布置，不要混乱地放置在一起。
- 带强电的元器件与其他元器件的距离尽量远一些，并布置在调试时不易接触到的地方。
- 较重的元件需要使用支架固件，防止元器件脱落。
- 热敏元件要远离发热元件，对于一些发热严重的元器件，可以安装散热片。
- 对于电位器、可调电感线圈、可变电容器、微动开关等可调元件的布局应考虑整机的结构要求，应放置在便于调试的地方。
- 确定特殊元件位置的时候需要尽可能地缩短高频元件之间的连线，输入、输出元件要尽量远。
- 要增大可能存在电位差元件之间的距离。
- 要按照电路的流程放置功能电路单元，使电路的布局有利于信号的流通，以功能电路的核心元件为中心进行布局。
- 位于电路板边缘的元件离电路板边缘不少于2mm。

11.4 自动布局

自动布局适合于元器件比较多的情况。Allegro提供了强大的自动布局功能，设置好合理的布局规则参数后，采用自动布局将大大提高设计电路板的效率。

选择菜单栏中的"Place（放置）"→"Auto place（自动布局）"命令弹出与自动布局相关的子菜单命令，如图11-20所示。

图11-20 "Auto place（自动布局）"子菜单

- Parameters：按照设置的参数进行自动布局。
- Top Grids：设置电路板顶层格点。
- Bottom Grids：设置电路板底层格点。
- Design：对整个电路板中的元件进行自动布局。
- Room：将Room中的元件进行自动布局。
- Windows:将窗口中的元件进行自动布局。
- List：对列表中的元件进行自动布局。

1. 设置格点

格点的存在使各种对象的摆放更加方便，更容易实现对PCB布局的"整齐、对称"的要求。布局过程中移动的元件往往并不是正好处在格点处，这时就需要用户进行下列操作。

（1）设置顶层网格。

选择菜单栏中的"Place（放置）"→"Auto place（自动布局）"→"Top Grids（顶层格点）"命令，弹出"Allegro PCB Designer"对话框，设置顶层网格大小。在"Enter grid X increment（输

入网格X轴增量）"文本框中输入100，如图11-21所示。

单击 OK 按钮，完成X轴设置，弹出Y轴格点设置对话框，"Enter grid Y increment（输入网格Y轴增量）"文本框中输入100，如图11-22所示。

图11-21　"Enter grid X increment
（输入网格X轴增量）"文本框

图11-22　"Enter grid Y increment
（输入网格Y轴增量）"文本框

单击 OK 按钮，退出对话框，在工作区任意一点单击，然后单击鼠标右键选择"Done（完成）"命令，完成顶层网格设置。

（2）设置底层网格。

选择菜单栏中的"Place（放置）"→"Auto place（自动布局）"→"Bottom Grids（底层格点）"命令，弹出"Allegro PCB Designer"对话框，设置底层网格大小。在"Enter grid X increment（输入网格X轴增量）"文本框中输入100。

单击 OK 按钮，完成X轴设置，弹出Y轴格点设置对话框，"Enter grid Y increment（输入网格Y轴增量）"文本框中输入100。

单击 OK 按钮，退出对话框，在工作区任意一点单击，然后单击鼠标右键选择"Done（完成）"命令，完成底层网格设置。

2. 参数设置自动布局

选择菜单栏中的"Place（放置）"→"Auto place（自动布局）"→"Parameters（参数设置）"命令，弹出"Automatic Placement（自动布局）"对话框，如图11-23所示，下面介绍各选项含义。

（1）Algorithm（布局算法）选项组。

- Discrete：离散元件。
- IC：集成电路。
- Array：阵列。

（2）Direction（布局方向）选项组。

- North：与PCB边框线顶部的极限间距。
- East：与PCB边框线右侧的极限间距。
- South：与PCB边框线底部的极限间距。
- West：与PCB边框线左侧的极限间距。
- Rotation（旋转角度）选项组：在进行元件的布局

图11-23　"Automatic Placement（自动布局）"对话框

时系统可以根据需要对元件或元件组进行旋转，默认有4个选项0、90°、180°、270°，其中，0文本框中参数值默认为50，即布局元件角度为0°的最多个数为50，其余选项均默认为0。

- Straight：输入相互连接的元件数，默认为75。
- Mirror：指定布局的元件所在层。

- Leftovers：勾选此复选框，处理未摆放的元件。
- Overlap：勾选此复选框，布局过程中元件可以重叠。
- Soft boundary：勾选此复选框，元件可以放置在电路板以外的空间。
- Clock redistribution：勾选此复选框，元件布局过程中可重新分组。
- Cluster：勾选此复选框，将自动放置的元件进行分组。
- No rat：勾选此复选框，自动放置元件时不显示飞线。
- Remove TAG：勾选此复选框，属性在完成自动放置后删除。

如无特殊要求，一般采用默认设置，单击 Place 按钮，元件进行自动布局操作，在完成自动布局后在信息面板中显示信息，提示自动布局结束。

元件在自动布局后不再是按照种类排列在一起。各种元件将按照自动布局的类型选择，初步地分成若干组分布在PCB中。自动布局结果并不是完美的，还存在很多不合理的地方，因此还需要对自动布局进行调整。

11.5　3D效果图

元件布局完毕后，可以通过3D效果图，直观地查看效果，以检查布局是否合理。

（1）在PCB编辑器内，选择菜单栏中的"View（视图）"→"3D Canvas"命令，则系统生成该PCB的3D效果图，自动打开"Allegro 3D Canvas"窗口，如图11-24所示。

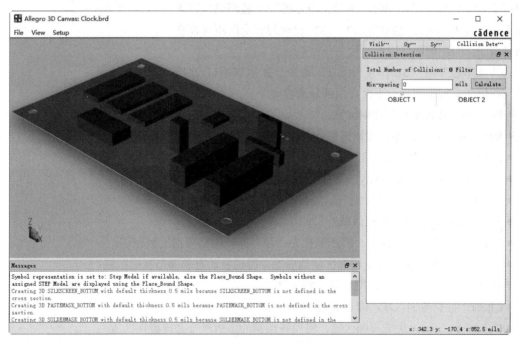

图11-24　布局后的PCB的3D效果图

（2）选择菜单栏中的"Files（文件）"→"Export（输出）"命令，则系统以图片的形式输出该PCB的效果图，如图11-25所示，输入图片名称，单击 Save 按钮，保存图片文件。

图11-25 保存PCB 3D效果图

11.6 覆铜

覆铜由一系列的导线组成，可以完成电路板内不规则区域的填充。在绘制PCB图时，根据需要可以随意指定任意的形状，将铜皮指定到所连接的网络上。多数情况是和GND网络相连。单面电路板覆铜可以提高电路的抗干扰能力，经过覆铜处理后制作的印制板会显得十分美观，同时，通过大电流的导电通路也可以采用覆铜的方法来加大过电流的能力。通常覆铜的安全间距应该在一般导线安全间距的两倍以上。

选择菜单栏中的"Shape（外形）"命令，弹出如图11-26所示的与覆铜相关的子菜单。下面介绍部分选项命令。

图11-26 "Shape（外形）"菜单

- Polygon：添加多边形覆铜区域。
- Rectangular：添加矩形覆铜区域。
- Circular：添加圆形覆铜区域。
- Select Shape or Void/Cavity：选择覆铜区域或避让区域。
- Manual Void/Cavity：手动避让。
- Edit Boundary：编辑覆铜区域外形。
- Delete Islands：删除孤岛，即删除孤立、没有连接网络覆铜区域。
- Change Shape Type：改变覆铜区域的形态，即切换动态和静态覆铜区域。
- Marge Shapes：合并相同网络的覆铜区域。
- Check：检查覆铜区域，即检查底片。
- Compose Shape：组成覆铜区域，将用线绘制的多边形合并成覆铜区域。
- Decompose Shape：解散覆铜区域，将组成覆铜区域的边框分成一段段线。
- Global Dynamic Params：动态覆铜的参数设置。

11.6.1　覆铜分类

覆铜包括动态覆铜和静态覆铜。动态覆铜是指在布线或移动元件、添加过孔的过程中产生自动避让的效果；静态覆铜在布线或移动元件、添加过孔的时候必须手动设置避让，不会自动产生避让的效果。

动态覆铜提供了7个属性可以使用，每个属性都是以"DYN"开头的，这些属性是贴在引脚上的，这些以"DYN"开头的属性对静态覆铜不起任何作用。在编辑的时候可以使用空框的形式表示。

11.6.2　覆铜区域

创建覆铜的区域分为创建为正片和负片。这两种方法都有其独特的优点，同时也存在着相应的缺点，可以根据情况进行选择。正负片对于实际生产没有区别，任何PCB设计都有正、负片的区别。

正片指显示的填充部分就是覆铜区域。

- 优点：在Allegro系统中以所见即所得方式显示，即在看到实际的正的覆铜区域的填充时，看到的the anti-pad和thermal relief不需要特殊的flash符号。
- 缺点：如果不生成rasterized输出，需要将向量数据填充到多边形，因此需要划分更大的覆铜区域。同时需要在创建artwork之前不存在Shape填充问题。改变文件的放置并重新布线之后必须重新生成Shape。
- 负片指填充部分外的空白部分是覆铜区域，与正片正好相反。
- 优点：使用vector Gerber格式时，artwork文件要求将这一覆铜区域分割得更小，因为没有填充这一多边形的向量数据。这种覆铜区域的类型更加灵活，可以在设计进程的早期创建，并提供动态的元件放置和布线。
- 缺点：必须为所有的热风焊盘建立flash符号。

11.6.3　覆铜参数设置

选择菜单栏中的"Shape（外形）"→"Global Dynamic Params（动态覆铜参数设置）"命令，弹出"Global Dynamic Shape Parameters（动态覆铜区域参数）"对话框，进行动态覆铜的参数设置，在此对话框内包含了"Shape fill（填充覆铜区域）""Void controls（避让控制）""Clearances（清除）"和"Thermal relief connects（隔热路径连接）"选项卡。

1. "Shape fill（填充覆铜区域）"选项卡

该选项卡用于设置动态铜皮的填充方式，如图11-27所示。

图11-27　"Shape fill（填充覆铜区域）"选项卡

（1）Dynamic fill：动态填充，有3种填充方式。

● Smooth：自动填充、挖空，对所有的动态铜皮进行DRC检查，并产生具有光绘质量的输出外形。

● Rough：产生自动挖空的效果，可以观察铜皮的连接情况，而没有对铜皮的边沿及导热连接进行光滑，不进行具有光绘质量的输出效果，在需要的时候通过Drawing Options对话框中的Update to Smooth生成最后的铜皮。

● Disabled：不进行自动填充和挖空操作，运行DRC时，特别是在做大规模的改动或netin、gloss、testprep、add/replace bias等动作时提高速度。

（2）Xhatch style：选择铜皮的填充。

单击该下拉列表，有6种选项。

● Vertical：仅有垂直线。

● Horizontal：仅有水平线。

● Diag_Pos：仅有斜的45°线。

● Diag_Neg：仅有斜的-45°线。

● Diag_Both：有45°和-45°线。

● Hori_Vert：有水平线和垂直线。

（3）Hatch Set：用于Allegro填充铜皮的平行线设置。

根据所选择的"Xhatch style（铜皮的填充）"的不同可以进行不同的设置。

● Line width：填充连接线的线宽，必须小于或者等于Border width（铜皮边界线）指定的线宽。

● Spacing：填充连接线的中心到中心的距离。

● Angle：交叉填充线之间的夹角。

● OriginX，Y：设置填充线的坐标原点。

● Border width：铜皮边界的线，必须大于或者等于Line width（填充连接线线宽）。

2. "Void Controls（避让控制）"选项卡

该选项卡用于设置避让控制，如图11-28所示。

（1）Artwork format：设置采用的底片格式，根据选择格式的不同下面显示不同的设置内容，有6种格式，包括Gerber4x00、Gerber6x00、Gerber RS274X、Barco DPF、MDA和Non-Gerber。

图11-28 "Void controls（避让控制）"选项卡

● 选择Gerber4x00或Gerber6x00，下面显示Minimum aperture for artwork fill，设置最小的镜头直径，仅适合于覆实铜的模式（Solid fill）。在进行光绘输出时，如果避让与铜皮的边界距离小于最小光圈限制，则该避让还会被填充，Allegro将在Manufacture/shape problem中标记一个圆圈。

● 选择Gerber RS274X、Barco DPF、MDA和

Non-Gerber中的一种，下面显示Minimum aperture for gap width，设定两个避让之间或者避让与铜皮边界之间的最小间距。

（2）Suppress shapes less than：在自动避让时，当覆铜区域小于该值时自动删除。

（3）Create pin voids：以行（排）或单个的形式避让多个焊盘。若选择In-line则将这些焊盘作为一个整体进行避让，若选择Individually则以分离的方式产生避让。

（4）Snap voids to hatch grid：产生的避让捕获到栅格上，仅针对网络状覆铜。

3.　"Clearances（清除）"选项卡

该选项卡用于设置清除方式，如图11-29所示。

（1）Thru pin文本框选项内有2种选项：Thermal/Anti（使用焊盘的thermal和antipad定义的间隔值清除）、DRC（遵循DRC检测中设置的间隔产生避让）。选择"DRC（遵循DRC检测中设置的间隔产生避让）"，修改"Oversize value（超大值）"数值，可调整间隙值。

（2）Smd pin和Via文本框内的选项与Thru pins文本框选项相同。

（3）Oversize Value：根据大小设定避让，在默认清除值基础上添加这个值。

4.　"Thermal relief connects（隔热路径连接）"选项卡

该选项卡用于设置隔热路径的连接关系，如图11-30所示。

图11-29　"Clearances（清除）"选项卡　　图11-30　"Thermal relief connects（隔热路径连接）"选项卡

（1）Thru pins文本框选项内有Orthogonal（直角连接）、Diagonal（斜角连接）、Full contact（完全连接）、8 way connect（8方向连接）和None（不连接）5种选项。

（2）Smd pins和Vias文本框内的选项与Thru pins文本框选项相同。

（3）Minimum connects：最小连接数。

（4）Maximum connects：最大连接数。

11.7　PCB设计规则

对于PCB的设计，Allegro提供强大完善的设计规范设定，这些设计规则涉及到PCB设计过程中

导线的放置、导线的布线方法、元器件放置、布线规则、元器件移动和信号完整性等方面。Allegro
系统将根据这些规则进行约束自动摆放和自动布线过程。在很大程度上，布线能否成功和布线质量
的高低取决于设计规则的合理性，也依赖于用户的设计经验。

对于具体的电路需要采用不同的设计规则，若用户设计的是双面板，
很多规则可以采用系统默认值，系统默认值就是对双面板进行设置的。

选择菜单栏中的"Setup（设置）"→"Constraints（约束）"命令，
系统将弹出如图11-31所示的子菜单，显示各种设计规范命令。

选择菜单栏中的"Setup（设置）"→"Constraints（约束）"→"Modes
（模型）"命令，弹出如图11-32所示的"Analysis Modes（分析模型）"对话
框，选择需要进行不同规则设置的对象。

不同在PCB设计中，设计规则主要包括时序规则、布线规则、间距规
则、信号完整性规则以及物理规则等设置。

图11-31 "Constraints
（约束）"子菜单

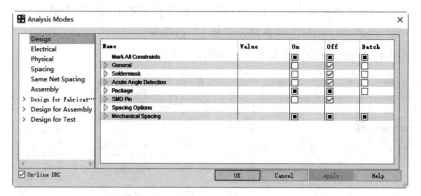

图11-32 "Analysis Modes（分析模型）"对话框

第 12 章

布线

　　合理的布局是 PCB 布线的关键。在 PCB 设计过程中正确地设置电路板元件布局的结构及正确地选择布线方向可以消除因布局布线不当产生的干扰。

　　布线是电路板设计的最终目的，布线的方式有两种，即自动布线和交互式布线两种。本章详细讲述布线方式及布线后的输出操作。

知识点

✦ 基本原则

✦ 布线命令

✦ 电路板的输出

12.1 基本原则

在布线时，应遵循以下基本原则。

- 输入端与输出端导线应尽量避免平行布线，以避免发生反馈耦合。
- 对于导线的宽度，应尽量宽些，最好取15mil以上，最小不能小于10mil。
- 导线间的最小间距是由线间绝缘电阻和击穿电压决定的，满足电气安全要求，在条件允许的范围内尽量大一些，一般不能小于12mil。
- 微处理器芯片的数据线和地址线尽量平行布线。
- 布线时尽量少拐弯，若需要拐弯，一般取45度走向或圆弧形。在高频电路中，拐弯时不能取直角或锐角，以防止高频信号在导线拐弯时发生信号反射现象。
- 在条件允许范围内，尽量使电源线和接地线粗一些。
- 阻抗高的布线越短越好，阻抗低的布线可以长一些，因为阻抗高的布线容易发射和吸收信号，使电路不稳定。电源线、地线、无反馈组件的基极布线、发射极引线等均属低阻抗布线，射极跟随器的基极布线、收录机两个声道的地线必须分开，各自成一路，一直到功效末端再合起来。

在电源信号和地信号线之间加上去耦电容；尽量使数字地和模拟地分开，以免造成地反射干扰，不同功能的电路块也要分割，最终地与地之间使用电阻跨接。由数字电路组成的印制板，其接地电路布成环路大多能提高抗噪声能力。接地线构成闭环路，因为环形地线可以减小接地电阻，从而减小接地电位差。

12.2 布线命令

布线的方式有两种，即自动布线和交互式布线两种。选择菜单栏中的"Route（布线）"命令，弹出如图12-1所示的与布线相关的子菜单，同时，在如图12-2所示的"Route（布线）"工具栏中显示对应按钮命令。下面介绍常用命令。

图12-1 "Route（布线）"子菜单

- Connect：手动布线，也可单击"Route（布线）"工具栏中的"Add Connect（添加手动布线）"按钮，也可按F3键。
- Slide：添加倒角。也可单击"Route（布线）"工具栏中的"Slide（添加倒角）"按钮，或按Shift+F3键。
- Delay Tune：蛇形线，也可单击"Route（布线）"工具栏中的"Delay Tune（蛇形线）"按钮。
- Phase Tune：相位调整。
- Custom Smooth：光滑边角。
- Create Fanout：生成扇出。
- Copy Fanout：复制扇出。

图12-2 "Route（布线）"工具栏

- Convert Fanout：转换扇出，选择此命令弹出子菜单，包含"Mark（标记）"和"Unmark（不标记）"两个命令。
- PCB Router：布线，选择此项后，打开如图12-3所示的子菜单，显示布线命令。

图12-3　子菜单

  ◆ Fanout By Pick：选择扇出。
  ◆ Route Net(s) By Pick：选择布线网络。
  ◆ Miter By Pick：选择斜线连接。
  ◆ UnMiter By Pick：选择非斜线连接。
  ◆ Elongation By Pick：选择延长线布线。
  ◆ Router Checks...：布线检查。
  ◆ Optimize Rat Ts：优化飞线。
  ◆ Route Automatic：自动布线。
  ◆ Route Custom...：普通布线。
  ◆ Route Editor...：布线编辑器。
- Resize/Respace：调整大小。
- Gloss：优化。选择此项后，打开如图12-4所示的子菜单，显示优化命令。
- Unsupported Prototypes：不支持原型。

图12-4　子菜单

12.2.1　设置栅格

在执行布线命令时，如果格点可见，布线时所有布线会自动跟踪格点，方便布线的操作。

1. 选择菜单栏中的"Setup（设置）"→"Grids（格点）"命令，将弹出"Define Grid（定义格点）"对话框，定义所有布线层的间距值，参数设置如下。

（1）勾选"Grids On（打开栅格）"复选框。

（2）"All Etch"和"TOP"层中的"Spacing x、y"栏中设置为5。

（3）"Non-Etch"的"Spacing x、y"栏中设置为25。

所有布线层的间距和"All Etch"相同。

设置结果如图12-5所示，单击 OK 按钮，关闭对话框。

图12-5　"Define Grid（定义格点）"对话框（一）

> **提示**
>
> 完成参数值输入后，按"Tab"键，不按"Enter"键。

2．设置可变格点。

可变格点即大格点之间有小的格点，图12-6中，在2个大格点之间添加2个小的格点。

将"All Etch"层中的"Spacing x、y"栏中设置为8 9 8，即从1个大格点到相邻的大格点，从左到右、从上到下的距离分别设置为8、9和8，"TOP"层自动显示为8 9 8，如图12-7所示。

图12-6　显示可变格点　　　　　　图12-7　"Define Grid（定义格点）"对话框（二）

12.2.2　手动布线

手动布线就是用户以手工的方式将图纸里的飞线布成铜箔布线。手动布线是布线工作最基本、最主要的方法。布线的通常方式为"手动布线→自动布线→手动布线"。

在自动布线前，先用手工将重要的网络线布好，如高频时钟、主电源等这些网络往往对布线距离、线宽、线间距等有特殊的要求。一些特殊的封装如BGA封装，需要进行手动布线，自动布线很难完成规则的布线。

1．添加连接线

连线是PCB中的基本组成元素，缺少连线将无法使电路板正常工作。添加连线的具体操作如下。

（1）选择菜单栏中的"Display（显示）"→"Blank Rats（清除飞线）"→"All（全部）"命令，如图12-8所示，关闭所有的飞线显示，如图12-9所示。

图12-8　显示菜单命令

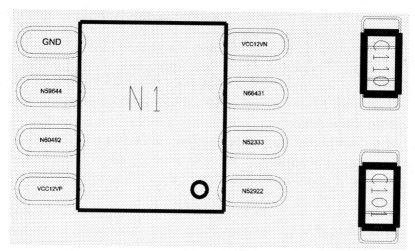

图12-9 关闭飞线

（2）在菜单栏中执行"Display（显示）"→"Show Rats（显示飞线）"→"Net（网络）"命令，在PCB图中选择要添加连线的元件引脚，此时飞线将显示出来，如图12-10所示。

（3）选择菜单栏中的"Route（布线）"→"Connect（手动布线）"命令或单击"Route（布线）"工具栏中的"Add Connect（添加手动布线）"按钮，也可按F3键，在"Options（选项）"面板中修改相应的值进行布线属性的修改，如图12-11所示。

图12-10 显示需要连接的飞线

图12-11 "Options（选项）"面板

在"Options（选项）"面板中可以对以下内容进行修改。

● Act表示当前层。

● Alt中显示将要切换到的层。

● Via中显示的为选择的过孔。

● Net中显示的为网络，开始时为"Null Net"空网络，只有布线开始时显示布线所在的网络。

● Line lock中显示的为布线形式和布线时线的拐角。其中布线形式分为Line（直线）和Arc（弧线）两种方式；布线时的拐角选项分Off（无拐角）、45（45°拐角）以及90（90°拐角）3种。

- Miter中显示了引脚的设置，如其值为lx width和Min时表示斜边长度至少为一倍的线宽。但当在Line Lock中选择了Off此项就不会显示。
- Line width中显示的为线宽。
- Bubble指球状区域，显示该特殊区域的布线规则，在该区域选择推挤布线，无须特殊注明。
- Shove vias中显示的为推挤过孔的方式。其中Off为关闭推挤方式；Minimal为最小幅度地去推挤Via；Full为完整地推挤Via。
- Gridless选项表示选择布线是否可以在格点上面。
- Clip dangling clines：剪辑悬挂的布线。
- Smooth中显示的为自动调整布线的方式。其中Off为关闭自动调整布线方式；Minimal为最小幅度地去自动调整布线；Full为完整地去自动调整布线。
- Snap to connect point选项表示布线是否从Pin、Via的中心原点引出。
- Replace etch选项表示布线是否允许改变存在的Trace，即不用删除命令。在布线时若两点间存在布线，那么再次添加布线时旧的布线将被自动删除。

（4）在"Options（选项）"面板中设置好布线属性后，单击显示飞线的一个节点，向目标节点移动光标绘制连接，如图12-12所示。在绘制的过程中可以单击鼠标右键在弹出的菜单中执行"Oops（取消）"命令，进行前一操作的取消，对绘制路线进行修改。

（5）绘制光标到达目标节点后单击鼠标左键完成两点间的布线，再单击鼠标右键，在弹出的菜单中选择"Done（完成）"命令，将完成布线操作，如图12-13所示。

图12-12　绘制连接

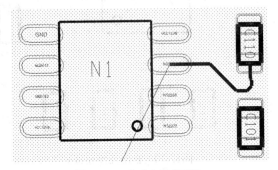

图12-13　完成布线的添加

2. 布线的删除

在手工调整布线过程中，除了需要添加布线外还经常要删除一些不合理的导线。对不需要的布线进行删除的具体操作步骤如下。

（1）选择菜单栏中的"Edit（编辑）"→"Delete（删除）"命令，在"Find（查找）"面板中单击 All Off 按钮，然后再选择Clines选项，如图12-14所示。如果不先在Find窗口内单击 All Off 按钮，直接进行删除操作时，会容易将其他项目同时删除。

（2）在编辑区内单击需要删除的布线，高亮显示布线，确定无误后在此单击鼠标左键，将布线删除，同时显示出该布线的飞线。可以进行连续性的删除操作，完成删除动作后，单击鼠标右键，在弹出的菜单中选择"Done（完成）"命令结果删除命令，如图12-15所示。

图12-14　"Find（查找）"面板

选中布线　　　　　　删除结果

图12-15　删除布线

3. 过孔的添加

在进行多层PCB设计时，经常需要进行添加过孔来完成PCB布线以及板间的连接。根据结构的不同可以将过孔分为通孔、埋孔和盲孔3大类。通孔是指贯穿整个线路板的孔；埋孔是指位于多层PCB板内层的连接孔，在板子的表面无法观察到埋孔的存在，多用于多层板中各层线路的电气连接；盲孔是指位于多层PCB板的顶层的底层表面的孔，一般用于多层板中的表层线路和内层线路的电气连接。

添加过孔的方法非常简单，下面介绍一下如何进行过孔的添加。

选择菜单栏中的"Route（布线）"→"Connect（连接）"命令，在进行布线绘制的过程中，如果遇到需要添加过孔的地方可以双击鼠标左键完成过孔的添加，此时在"Options（选项）"面板中Act和Alt中的内容将会改变，对比情况如图12-16（a）、（b）所示。

（a）　　　　　　　　（b）

图12-16　"Options（选项）"面板对比

在绘制布线的过程中在需要添加过孔的地方，如图12-17所示，单击鼠标右键，在弹出的菜单中选择"Add Via（添加过孔）"命令，在该处添加预设的过孔，继续绘制连接，如图12-17所示。

完成布线的绘制后可以单击鼠标右键，在弹出的菜单中选择"Done（完成）"命令结束添加布线操作。

添加前　　　　　　　　　　　　　　　　　添加后

图12-17　添加过孔图

4. 使用"Bubble（推挤）"选项布线

（1）选择菜单栏中的"Display（显示）"→"Blank Rats（空白飞线）"→"All（全部）"命令，关闭所有飞线。

（2）选择菜单栏中的"Display（显示）"→"Show Rats（显示飞线）"→"Net（网络）"命令，在编辑区域内单击N1的4引脚，显示与该引脚连接的网络的飞线，如图12-18所示。

（3）选择菜单栏中的"Route（布线）"→"Connect（连线）"命令或单击"Route（布线）"工具栏中的"Add Connect（添加连线）"按钮 ，在"Options（选项）"面板内的"Bubble"文本框内选择"Shove preferred"选项，"Shove vias"文本框内选择Full选项，"Smooth"文本框内选择Full选项，如图12-19所示。

图12-18　显示网络飞线

图12-19　"Options（选项）"面板

（4）单击N1的引脚4，确定当前层是Top层，开始移动光标，可以看到原先的布线被推挤。

12.2.3　设置自动布线的规则

Cadence在PCB电路板编辑器中为用户提供了多种设计法则，覆盖了元件的电气特性、走线宽度、走线拓扑布局、表贴焊盘、阻焊层、电源层、测试点、电路板制作、元件布局、信号完整性等设计过程中的方方面面。在进行自动布线之前，用户首先应对自动布线规则进行详细的设置。

1．浏览前面设计过程中定义的规则

（1）选择菜单栏中的"Edit（编辑）"→"Properties（属性）"命令，在"Find（查找）"面板中设置"Find By Name（按名称查找）"的内容为Property和Name，如图12-20所示。单击 More... 按钮，在弹出的"Find by Name or Property（按名称或属性查找）"对话框内的"Available objects（有效的对象）"列表中选择属性，将选择的内容添加到"Selected objects（选择的对象）"列表中，如图12-21所示。

图12-20　"Find（查找）"面板　　图12-21　"Find by Name or Property（按名称或属性查找）"对话框（一）

（2）单击 Apply 按钮，弹出"Edit Property（编辑属性）"对话框，对所列出的相关属性进行编辑，对参数值进行设置，如图12-22所示，同时会弹出"Show Properties（显示属性）"对话框，窗口中列出了所应用的相关属性，如图12-23所示。

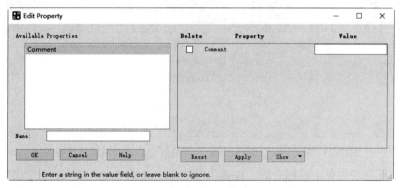

图12-22　"Edit Property（编辑属性）"对话框

2．增加层及规则设置

层叠结构是一个非常重要的问题，不可忽视，一般选择层叠结构考虑以下原则：元件面下面（第二层）为地平面，提供器件屏蔽层以及为顶层布线提供参考平面；所有信号层尽可能与地平面

相邻；尽量避免两信号层直接相邻；主电源尽可能与其对应地相邻；兼顾层压结构对称。对于母板的层排布，现有母板很难控制平行长距离布线，对于板级工作频率在50MHz以上的（50MHz以下的情况可参照，适当放宽），建议排布原则：元件面、焊接面为完整的地平面（屏蔽）；无相邻平行布线层；所有信号层尽可能与地平面相邻；关键信号与地层相邻，不跨分割区。

图12-23 "Show Properties（显示属性）"对话框

（1）选择菜单栏中的"Setup（设置）"→"Cross-Section（层叠管理）"命令，将弹出"Cross-section Editor（层叠设计）"对话框，如图12-24所示。

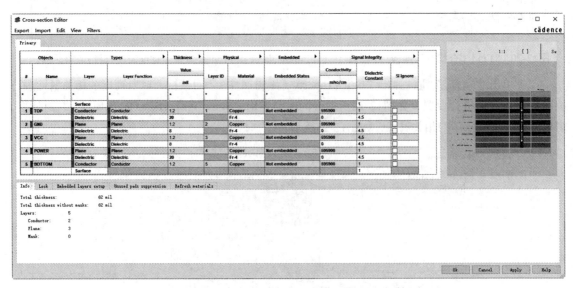

图12-24 "Layout Cross Section（层叠管理器）"对话框（一）

（2）在对话框列表内单击鼠标右键，在弹出的菜单中选择"Add Layers（增加层）"命令，添加两个布线内层，并修改属性，如图12-25所示。

（3）选择菜单栏中的"Display（显示）"→"Color/ Visibility（颜色/可见性）"命令，将弹出"Color Dialog（颜色）"对话框，在这可以对各电气层的"Pin""Via""Etch"以及"Drc"等的颜色进行设置，如图12-26所示。完成设置后单击"OK（确定）"按钮，关闭对话框。

图12-25　"Layout Cross Section（层叠管理器）"对话框（二）

图12-26　"Color Dialog（颜色）"对话框

（4）选择菜单栏中的"Setup（设置）"→"Constraints（约束）"→"Spacing Net Overrides（忽略网络间隔）"命令，在"Find（查找）"面板中的"Find By Name（按名称查找）"中选择"Net（网络）"选项，单击"More（更多）"按钮进入如图12-27所示对话框。

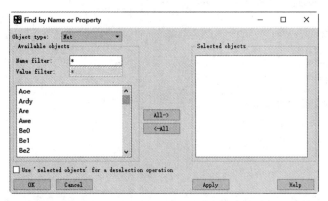

图12-27 "Find by Name or Property（按名称或属性查找）"对话框（二）

（5）在弹出的对话框内的"Available objects（有效对象）"列表内选择需要的项目添加到"Seleted objects（选择对象）"列表中，如图12-28所示，单击 Apply 按钮，弹出"Edit Property（编辑属性）"对话框，进行相应的属性设置，如图12-29所示，单击"OK（确定）"按钮，关闭对话框。

图12-28 "Find by Name or Property"对话框（三）

图12-29 "Edit Property（编辑属性）"对话框

3. 设置电气规则

（1）选择菜单栏中的"Setup（设置）"→"Constraints（约束）"→"Constraint Manager（约束管理器）"命令，将弹出"Constrains System Master（约束管理器）"对话框。

（2）在目录树视图内单击"Electrical Constraint Set（电气约束设置）"节点，将显示可进行的电气设置的选择，如图12-30所示。选择不同的节点将进行不同的电气设置。

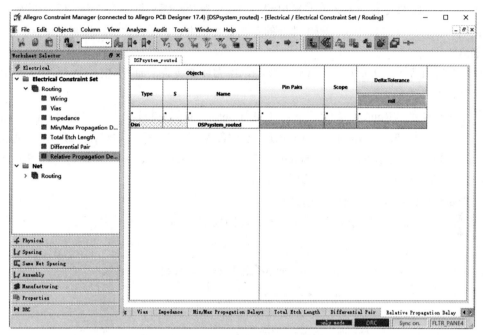

图12-30 "Electrical Constraint Set（电气约束设置）"节点

（3）完成设置后，关闭对话框。

（4）选择菜单栏中的"Setup（设置）"→"Constraints（约束）"→"Modes（模式）"命令，将弹出"Analysis Modes（分析模式）"对话框，如图12-31所示。

图12-31 "Analysis Modes（分析模式）"对话框

12.2.4 自动布线

自动布线的布通率依赖于良好的摆放，布线规则可以预先设定，包括布线的弯曲次数、导通孔的数目、步进的数目等。一般首先进行探索式布线，把短线连通，然后再进行迷宫式布线，先把要布的连线进行全局的布线路径优化，系统可以根据需要断开已布的线。并试着重新再布线，以改进总体效果。在自动布线之前，输入端与输出端的边线应避免相邻平行，以免产生反射干扰，可以对比较严格的线进行交互式预布线。两相邻层的布线要互相垂直，平行容易产生寄生耦合，必要时应加地线隔离。

在PCB布线过程中，手动将主要线路、特殊网络布线完成后，通过Allegro提供的自动布线功能完成剩余网络的布线。

选择菜单栏中的"Route（布线）"→"PCB Router（布线编辑器）"→"Route Automatic（自动布线）"命令，将弹出"Automatic Router（自动布线）"对话框，如图12-32所示。"Automatic Router（自动布线）"对话框由Router Setup（布线设置）、Routing Passes（布线通路）、Smart Router（灵活布线）和Selections（选集）4个选项卡组成。

1. "Router Setup（布线设置）"选项卡。

选择"Router Setup（布线设置）"选项卡，如图12-32所示。

图12-32 "Automatic Router"对话框

（1）Strategy（策略）：显示3布线模式。

● "Specify routing passes（指定布线通路）"：选择此项，可激活"Routing Passes（布线通路）"选项卡，设置布线工具具体的使用方法。

● Use smart router（使用灵活布线）：选择此项，表示可通过Smart Router来设置灵活布线工具具体的使用方法。

● Do file（Do文件）：选择此项，表示可通过Do文件来进行布线。

（2）Options（选项）：下面有5个选项设置。其中Limit via creation为限制使用过孔；Enable

diagonal routing表示允许使用斜线布线；Limit wraparounds表示限制绕线；Turbo Stagger表示最优斜线布线；Protect existing routes表示保护现有路线。

- Wire gird：设置布线的格点。

- Via gird：设置过孔的格点。

- Routing Subclass：表示所设置的布线层；Routing Direction：表示所设置的布线方向。TOP层布线是以水平方向进行的；BOTTOM层布线是以垂直方向进行的。

2．"Routing Passes（布线通路）"选项卡。

"Routing Passes（布线通路）"选项卡只有在选中"Router Setup（布线设置）"选项卡内的"Specify routing passes（指定布线通路）"选项时才有效，其组成内容及介绍如下。

3．Preroute and route区域进行布线动作的设置。

Post Route内包括Critic（精确布线）、Filter routing passes（过滤布线途径）、Center wires（中心导线）、Spread wires（展开导线）、Miter corners（使用45°布线）、Delete conflicts（删除冲突布线）。

单击Preroute and route区域内的 Params... 按钮，将会弹出"SPECCTRA Automatic Router Parameters"对话框，如图12-33所示。其中包括"Spread Wires"选项卡，主要用于设置导线与导线、导线与引脚之间所添加的额外空间；"Miter Corners"选项卡，主要用于设置拐角在什么情况下转变成斜角；"Elongate"选项卡，主要用于设置绕线布线；"Fanout"选项卡，用于设置扇出参数；"Bus Routing"选项卡，用于设置总线布线；"Seed Vias"选项卡，用于添加贯穿孔，通过增加1个贯穿孔把单独的连线切分为2个更小的连接；"Testpoint"选项卡用于设置测试点的相关参数。

图12-33　"SPECCTRA Automatic Router Parameters"对话框

4．"Smart Router（灵活布线）"选项卡。

"Smart Router（灵活布线）"选项卡只有在选项"Router Setup（布线设置）"选项卡中选中"Use smart router（使用灵活布线）"选项时才有效，如图12-34所示。其组成内容及介绍如下。

图12-34 "Smart Router（灵活布线）"选项卡

（1）Gird区域用于设置格点。其中Minimum via grid表示定义过孔的最小格点，默认值为0.01；Minimum wire grid表示定义布线的最小格点，默认值为0.01。

（2）Fanout区域用于设置扇出。其中Fanout if appropriate表示扇出有效；Via sharing表示共享过孔；Pin sharing表示共享引脚。

（3）Generate Testpoints区域用于设置测试点。其中Off表示测试点将不会发生；Top表示测试点将在顶层产生；Bottom表示测试点将在底层产生；Both表示在两个层面产生测试点。

（4）Milter after route：在一般布线后采用斜接方式布线。

5．"Selections（选集）"选项卡。

在该选项卡内进行布线网络及元件的选择，如图12-35所示，组成内容及介绍如下。

图12-35 "Selections（选集）"选项卡

Objects to route：设置布线的项目。其中Entire design选项选中时将会对整个PCB进行布线；All selected选项选中后将对在Available objects中选中的网络或元件进行布线；All but selected选项选中后正好与All selected相反，将对在Available objects中没有选中的网络或元件进行布线。

可通过Object type下拉列表来选择在下面列表中是显示PCB的网络标识还是显示元件的标

识，当选择Nets时表示显示网络标识，而选择
Components时表示显示元件的标识。

6. 完成参数设置后，单击 Route 按钮，开
始进行自动布线，将出现一个自动布线进度显示
框，如图12-36所示。单击进度框中的 Details>> 按
钮，可清楚地显示布线详细进度信息，如图12-37

图12-36　显示进度

所示，单击"Summary（细节）"将隐藏详细的进度信息，返回最初进度对话框中。

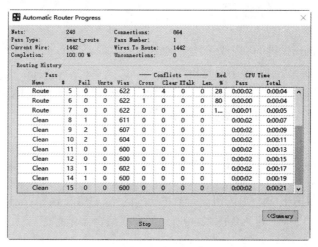

图12-37　详细进度表

（1）布线完成后，布线进度的对话框将会自动关闭，重新返回"Automatic Router"对话框，
如果对自动布线的结果不满意可用它来撤销此次布线，在对话框中单击 Undo 按钮即可，然后重
新设置各个参数，重新进行布线。

（2）单击 Route 按钮，显示布线结果，如图12-38所示，单击 Close 按钮，关闭结果显示对
话框。

图12-38　显示布线结果

（3）布线满意后，单击鼠标右键，在弹出的菜单中选择"Done（完成）"命令，完成布线，如图12-39所示。

（4）根据需要，可扇出自动完成的布线，可手动布线进行修改，将布线效果调整到最佳状态。

图12-39　完成布线

12.2.5　PCB Router布线器

PCB Router是Allegro提供的一个外部自动布线软件，功能十分强大，Allegro通过PCB Router软件可以完成自动布线功能。可以动态显示布线的全过程，包括视图布线的条数、重布线的条数、未连接线的条数、布线时的冲突数、完成百分率等。

1. 启动方式

该图形界面有2种打开方式，下面介绍这2种方式。

（1）直接启动。

单击Windows任务栏中的开始按钮，选择"开始"→"所有程序"→"Cadence PCB 17.4-2019"→"PCB Router 17.4"，进入如图12-40所示的布线编辑器界面。

图12-40　PCB Router编辑器

（2）间接启动。

● 启动Allegro PCB Designer。

● 选择菜单栏中的"Route（布线）"→"PCB Router（PCB布线）"→"Route Editor（布线编辑器）"命令，进入CCT界面，如图12-41所示。

图12-41　CCT布线器界面

2. 自动布线

选择菜单栏中的"Autoroute（自动布线）"→"Route（布线）"命令，弹出"AutoRoute（自动布线）"对话框，如图12-42所示。

（1）在该对话框中选择"Basic（基本）"选项时，激活"AutoRoute（自动布线）"对话框左边的区域。

其中Passes表示设置开始通道数，Start Pass表示设置开始通道数，如果Passes设置为25，这个值一般设置为16，Remove Mode表示创建一个非布线路径。当布线率很低时，Basic选项会自动生效。

（2）在该对话框选择"Smart（灵活）"选项时，激活"AutoRoute（自动布线）"对话框右边的区域，如图12-43所示。

图12-42 "AutoRoute（自动布线）"对话框   图12-43 "AutoRoute（自动布线）"对话框

其中Minimum Via Grid表示设置最小的贯穿口的格点；Minimum Wire Grid表示设置最小的导线的格点；Fanout if Appropriate表示避开SMT焊盘到贯穿孔的布线；Generate Testpoints选项表示是否产生测试点；Miter After Route表示改变布线拐角从90°到45°。

（3）在"AutoRoute（自动布线）"对话框内选择"Smart（灵活）"选项，设置完毕后单击 Apply 按钮，CCT开始布线。布线完成后，单击 OK 按钮，关闭"AutoRoute（自动布线）"对话框，系统会重新检查布线。如图12-44所示。

图12-44 CCT布线界面

3. 报告布线结果

（1）选择菜单栏中的"Report（报告）"→"Route Status（布线状态）"命令，可以看到整个布线的状态信息，如图12-45所示。

图12-45　布线状态报告

（2）关闭状态报告，选择菜单栏中的"File
（文件）"→"Quit（退出）"命令，退出CCT，
将弹出如图12-46所示对话框。

（3）在"Quit（退出）"对话框中单击 Quit
按钮，退出CCT界面，系统将自动返回到Allegro
PCB Designer编辑界面，如图12-47所示。

图12-46　"Quit（退出）"对话框

图12-47　Allegro PCB Designer编辑界面

12.3 补泪滴

在导线和焊盘或者孔的连接处，通常需要补泪滴，以去除连接处的直角，加大连接面。这样做有两个好处，一是在PCB制作过程中，避免因钻孔定位偏差导致焊盘与导线断裂。二是在安装和使用中，可以避免因用力集中导致连接处断裂。

添加泪滴是在电路板所有其他类型的操作完成后进行的，若不能直接在添加完泪滴的电路板上进行编辑，必须删除泪滴再进行操作。

1. 自动添加

（1）选择菜单栏中的"Route（布线）"→"Gloss（优化设计）"→"Paramenters（参数设定）"命令，系统弹出"Glossing Controller（优化控制）"对话框，如图12-48所示。

只勾选"Filed and tapered Trace（修整锥形线）"，并单击 ▭ 按钮，弹出如图12-49所示的"Fillet and Tapered Trace（修整锥形线）"对话框，在该对话框中设置泪滴形状。

图12-48 "Glossing Controller（优化控制）"对话框   图12-49 "Fillet and Tapered Trace（修整锥形线）"对话框

在"Global Options（总体选项）"选项组中：

- Dynamic：勾选此复选框，使用动态添加泪滴。
- Curved：勾选此复选框，在添加泪滴过程中允许出现弯曲情况，
- Allow DRC：勾选此复选框，允许对添加的泪滴进行DRC检查。
- Unused nets：勾选此复选框，在未使用的网络上添加泪滴。

在"Objects（目标）"选项组下选择添加的泪滴形状。

- Circular pads：圆形泪滴，在文本框中输入最大值，默认值为100。
- Square pads：方形泪滴，在文本框中输入最大值，默认值为100。
- Rectangular pads：长方形泪滴，在文本框中输入最大值，默认值为100。
- Oblong pads：椭圆形泪滴，在文本框中输入最大值，默认值为100。
- Octagon pads：八边形泪滴，在文本框中输入最大值，默认值为100。

单击 OK 按钮，采取默认设置，关闭对话框。

（2）返回"Glossing Controller（优化控制）"对话框，单击 Gloss 按钮即可完成设置对象的泪滴添加操作。

补泪滴前后焊盘与导线连接的变化如图12-50所示。

添加前　　　　　　　　　　　　　　　添加后

图12-50　补泪滴前后的焊盘与导线

2. 手动添加

用户还可以对某一个元件的所有焊盘和过孔，或者某一个特定网络的焊盘和过孔进行添加泪滴操作。

选择菜单栏中的"Route（布线）"→"Teardrop/Tapered Trace（泪滴/锥形线）"命令，弹出子菜单命令，上半部分关于手动添加泪滴的命令如图12-51所示。

图12-51　手动添加泪滴的命令

（1）Add Teardrops：添加泪滴。

（2）Delete Teardrops：删除泪滴。

（3）Add Tapered Trace：添加锥形线。

（4）Delete Tapered Trace：删除锥形线。

选中上述命令后，单击网络，则在该网络上添加泪滴，如图12-52所示。

添加前　　　　　　　　　　添加后

图12-52　添加圆角

3. 优化设计

（1）如图12-53所示的"Glossing Controller（优化控制）"对话框中有9项优化类别，主要用于对整个自动布线结果进行改进，读者可一一进行优化，这里不再赘述。

图12-53 "Glossing Controller（优化控制）"对话框

（2）选择菜单栏中的"Route（布线）"→"Gloss（优化设计）"命令，弹出子菜单命令，关于优化设置的命令如图12-54所示，对自定布线结果进行局部优化。

- Design：优化设计。
- Room：优化指定区域。
- Window：优化激活内容。
- List：优化列表内容。

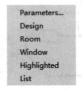

图12-54 子菜单命令

12.4 电路板的输出

PCB绘制完毕，可以利用Allegro提供的丰富的报表功能，生成一系列的报表文件。这些报表文件有着不同的功能和用途，为PCB设计的后期制作、元件采购、文件交流等提供了方便。在生成各种报表之前，首先要确保要生成报表的文件已经被打开并置为当前文件。

12.4.1 报表输出

当所有元件摆放好以后，会产生元件报告，检查网络表导入的元件是否有误，可以通过下面所述操作完成。

1．选择菜单栏中的"Tools（工具）"→"Reports（报告）"命令，弹出"Reports（报告）"对话框，如图12-55所示。

2．在"Reports（报告）"对话框中的"Available reports（可用报告）"区域内双击选项，将其添加到"Selected Reports（选择的报告）"中。

（1）选择"Component Report"选项，生成元件报告。

（2）选择"Bill of Material Report"选项，生成材料报表。

（3）选择"Component Report"选项，生成元件引脚信息报告。

图12-55 "Reports"对话框

（4）选择"Net List Report"选项，生成网络表报告。

（5）选择"Component Report"选项，生成符号引脚报告

12.4.2　生成钻孔文件

钻孔数据主要包括颜色与可视性设置、钻孔文件参数设置及钻孔图的生成。

1. 选择菜单栏中的"Display（显示）"→"Color/Visibility（颜色/可见性）"，弹出"Color Dialog（颜色）"对话框，如图12-56所示，设置如下参数。

图12-56　"Color Dialog（颜色）"对话框

（1）在"Board Geometry"下勾选"Outline"和"Dimension"。

（2）选择"Stack-Up→Non-Conductor"，在"Pin"和"Via"下面勾选"*_Top"和"*_Bottom"，选择"Drawing Format"，勾选All选项，打开下面的所有项，设置上面打开选项的颜色，完成设置后，单击　OK　按钮，退出对话框。

（3）设置上面打开选项的颜色，完成设置后，单击　OK　按钮，退出对话框。

2. 选择菜单栏中的"View（视图）"→"Zoom World（缩放整个范围）"，可以浏览整个图纸，如图12-57所示。

图12-57　显示图纸

3．选择菜单栏中的"Manufacture（制造）"→"NC（NC）"→"Drill Legend（钻孔说明）"，弹出如图12-58所示的对话框。

4．一般情况下，"Dill Legend（钻孔说明）"对话框中的参数采用默认值，不用修改，单击　OK　按钮，可以产生钻孔图形及其统计表格，然后单击鼠标左键，统计表格就可以放置在鼠标单击的位置上，如图12-59所示。

DRILL CHART: TOP to BOTTOM			
ALL UNITS ARE IN MILS			
FIGURE	SIZE	PLATED	QTY
·	12.988	PLATED	389
	30.98	PLATED	4
·	35.433	PLATED	9
○	35.98	PLATED	60
⊗	39.02	PLATED	1
⊙	39.02	PLATED	3
	51.181	PLATED	12
	59.055	NON-PLATED	4
·	66.929	NON-PLATED	2
×	125.0	NON-PLATED	4
▯	98.425x39.37	PLATED	1
▭	98.425x39.37	PLATED	8

图12-58　"Drill Legend（钻孔说明）"对话框　　　　图12-59　放置统计表格

5．在完成这一步后，同时也生成了钻孔图，如图12-60所示，保存文件。

6．选择菜单栏中的"File（文件）"→"Viewlog（查看日志）"命令，可以查看nclegend.log文件，如图12-61所示。

图12-60　生成钻孔

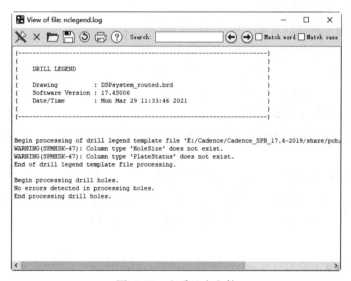

图12-61　查看日志文件

12.4.3　制造数据的输出

制造数据的输出有个前提：要设置底片参数，设定Aperture（光圈）档案。在设置完成后系统产生底片文件，将数据输出。

1. 选择菜单栏中的"Manufacture（制造）→Artwork（插图）"命令，弹出如图12-62所示的对话框，选择"Film Control（底片控制）"选项卡，设置底片控制文件。

图12-62　"Film Control（底片控制）"选项卡

（1）Film name：显示底片名称。

（2）Rotation：底片旋转的角度。

（3）Offset：底片的偏移量，显示X、Y方向上的参数。

（4）Underfined line width：在底片上绘制线段或文字。

（5）Shape bounding box：默认值为100，当Plot mode（绘图格式）选择Negative（负片绘图）时，在Shape的边缘外侧绘制100mil的黑色区域。

（6）Plot mode：选择绘图格式，有两种格式，包括Positive（正片）、Negative（负片）两种格式。

（7）Film mirrored：勾选此复选框，左右翻转底片。

（8）Full contact thermal-reliefs：勾选此复选框，绘制thermal-reliefs，使其导通。

（9）Supppress unconnected pads：勾选此复选框，绘制未连线的焊盘，只有当层面是内信号层时，此项才被激活。

（10）Draw missing pad apertures：勾选此复选框，当焊盘栈没有相应的Flash D-Code时，填充较小宽度的Line D-Code。

（11）Use aperture rotation：勾选此复选框，使用光圈旋转定义。

（12）Suppress shape fill：勾选此复选框，使用分割线作为Shape的外形。

（13）Vector based pad behavior：勾选此复选框，指定光栅底片使用基于向量的决策来确定哪种焊盘为Flash。

（14）Draw holes only：勾选此复选框，在底片上只绘制孔。

2．选择"General Parameters（通用参数）"选项卡，设置加工文件参数，如图12-63所示。

（1）Device type：设置光绘机模型，包括5种模型，有Gerber 6x00、Gerber 4x00、Gerber

RS274X、Barco DPF、MDA。

图12-63 "General Parameters（通用参数）"选项卡

（2）Output units：输出文件单位，选择Inches（英制）、Milimeters（公制）2种。若选择Barco DPF，则除之前的2种单位外，还包括Mils（米制）。

（3）Coordinate type：坐标类型。选择Gerber 6x00、Gerber 4x00才可用。

（4）Error action：在处理加工文件过程中发生错误的处理方法。

（5）Format：输出坐标的整数部分和小数部分。

（6）Output options：输出选项，选择Gerber 6x00、Gerber 4x00才可用。

（7）Global film filename affxes：底片文件设置。

（8）Film size limits：底片尺寸。

（9）Suppress：控制简化坐标设置。

3．设置完成后，单击 OK 按钮，这样就完成了底片参数的设置。

单击 Viewlog 按钮，可以打开一个"View of file：photoplot"文本框。

12.5 操作实例

本节以实例来介绍PCB布线设计。前面章节讲述的电路板实现了元件的布局，本章以此为基础。本例主要学习电路板的覆铜、布线设计过程。

12.5.1 音乐闪光灯电路PCB设计

选择"开始"→"程序"→"Cadence PCB 17.4-2019"→"Capture CIS 17.4"→"OrCAD

Capture CIS"命令，启动OrCAD Capture CIS。

1．打开文件。

选择菜单栏中的"File（文件）"→"Open（打开）"命令或单击"Capture"工具栏中的"Open document（打开文件）"按钮，选择将要打开的文件"Music Flash Light.dsn"，将其打开，原理图见图12-64。

图12-64　原理图文件

2．添加Footprint属性。

选中电路的所有模块，单击鼠标右键选择"Edit properties（编辑属性）"命令，在窗口下方选择打开"Parts（元件）"选项卡，选择属性"PCB Footprint"，在该列表框中输入元件对应的封装名称，结果如图12-65所示。

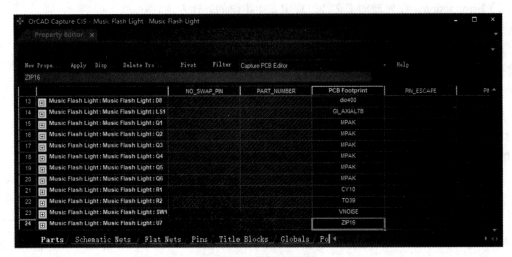

图12-65　元件属性编辑

3．选择菜单栏中的"Tools（工具）"→"Create Netlist（创建网络表）"命令或单击"Capture"工具栏中的"Create netlist（生成网络表）"按钮，弹出如图12-66所示的"Create Netlist（创建网络表）"对话框。选择"PCB"选项卡，设置网络表属性。

4．勾选"Create PCB Editor Netlist（创建PCB网络表）"复选框，可导出包含原理图中所有的

3个网络表文件"pstchip.dat""pstxnet.dat""pstxprt.dat";在下面的"Options（选项）"选项组中显示参数设置。

图12-66 "Create Netlist（创建网络表）"对话框

5．在"Netlist Files（网络表文件）"文本框中显示默认名称allegro，单击右侧█按钮，弹出"Select Directory（选择路径）"对话框。在该对话框中选择PST*.DAT文件的路径。

完成设置后，单击██确定██按钮，开始创建网络表，如图12-67所示。

图12-67 创建网络表

6．该对话框自动关闭后，生成3个网络表文件"pstchip.dat""pstxnet.dat""pstxprt.dat"，如图12-68~图12-70所示。网络表文件在项目管理器中Output文件下显示，如图12-71所示。

图12-68 pstchip.dat文件

图12-69　pstxnet.dat

图12-70　pstxprt.dat文件

图12-71　显示网络表文件

7. 创建电路板

（1）选择"开始"→"程序"→"Cadence PCB 17.4-2019"→"PCB Editor 17.4"命令，启动 Allegro PCB Designer。

（2）选择菜单栏中的"File（文件）"→"New（新建）"命令或单击"Files（文件）"工具栏中的"New（新建）"按钮，弹出如图12-72所示的"New Drawing（新建图纸）"对话框。

（3）在"Drawing Name（图纸名称）"文本框中输入图纸名称"MUSIC"；在"Drawing Type（图纸类型）"下拉列表中选择图纸类型"Board（wizard）"。

（4）单击 OK 按钮后关闭对话框，弹出"Board Wizard（板向导）"对话框，如图12-73所示，进入Board（Wizard）的工作环境。

图12-72　"New Drawing（新建图纸）"对话框

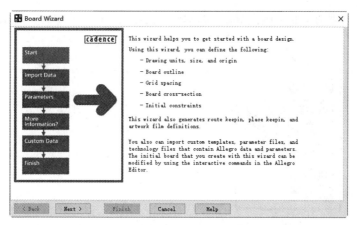

图12-73 "Board Wizard（板向导）"对话框

（5）单击 Next 按钮，进入图12-74所示的界面，选择"No（否）"选项，表示不输入模板。

图12-74 "Board Wizard- Template（板向导模板）"对话框

（6）单击 Next 按钮，进入图12-75所示的界面。对两个选项均选择"No（否）"选项，表示不选择tech file文件与Parameter file文件。

图12-75 "Board Wizard -Tech File/Parameter file（板向导模板）"对话框

（7）单击 Next > 按钮，进入图12-76所示的界面。选择"No（否）"选项，表示不导入参数模块。

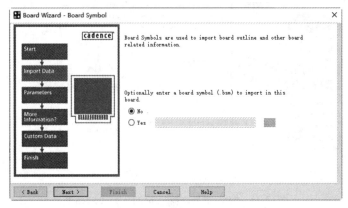

图12-76 "Board Wizard -Board Symbol（板向导模板）"对话框

（8）单击 Next > 按钮，进入图12-77所示的界面。设置图纸选项，选择Units（单位）为Mils、Size（工作区的范围大小）为A，在"Specify the location of the origin for this drawing（设定工作区的原点的位置）"选项下选择"At the lower left corner of the drawing（把原点定在工作区的左下角）"单选钮。

图12-77 "Board Wizard –General Parameters（板向导模板）"对话框

（9）单击 Next > 按钮，进入图12-78所示的界面，继续设置图纸参数，选择默认设置。

图12-78 "Board Wizard–General Parameters（Continued）（板向导模板）"对话框

（10）单击 Next > 按钮，进入图12-79所示的界面，定义层面的名称和其他条件。

图12-79　"Board Wizard –Etch Cross-section details（板向导模板）"对话框

（11）单击 Next > 按钮，进入图12-80所示的界面。在这个对话框中可设定在板中的一些默认限制和默认贯孔。

图12-80　"Board Wizard –Spacing Constraints（板向导模板）"对话框

（12）单击 Next > 按钮，进入图12-81所示的界面。在该对话框中定义板框的外形为"Rectangular board（方形板框）"。

图12-81　"Board Wizard –Board Outline（板向导模板）"对话框

（13）单击 Next > 按钮，进入图12-82所示的界面，定义电路板尺寸。

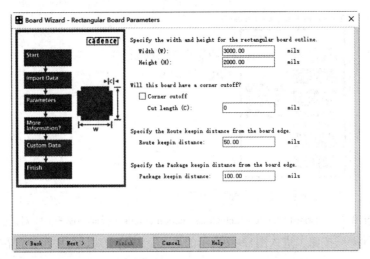

图12-82 "Board Wizard –Rectangular Board Parameters（板向导模板）"对话框

（14）单击 Next > 按钮，进入图12-83所示的界面，单击 Finish 按钮，完成向导模式（Board Wizard）板框创建，如图12-84所示。

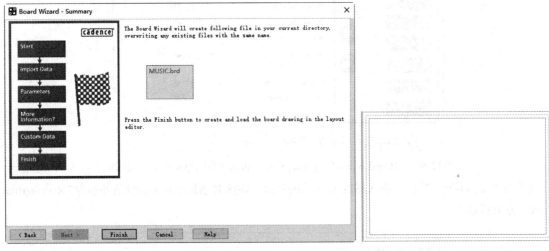

图12-83 "Board Wizard–Summary（板向导模板）"对话框　　　　图12-84 完成的板框

8. 导入原理图网络表信息

（1）选择菜单栏中的"File（文件）"→"Import（导入）"→"Logic/Netlist（原理图）"命令，弹出如图12-85所示的"Import Logic/Netlist（导入原理图）"对话框。选择"Cadence"选项卡，导入在Capture里输出的网络表。

（2）在"Import logic type（导入的原理图类型）"选项组下有勾选"Design entry CIS（Capture）"选项；在"Place changed component（放置修改的元件）"选项组中默认选择"Always（总是）"。

（3）在"Import directory（导入路径）"文本框中，单击右侧按钮，在弹出的对话框中选择网表路径目录，单击 [Import] 按钮，导入网络表，出现进度对话框，如图12-86所示。

图12-85　"Import Logic/Netlist（导入原理图）"对话框

图12-86　导入网络表的进度对话框

（4）选择菜单栏中的"Files（文件）"→"Viewlog（查看日志）"命令，同样可以打开如图12-87所示的窗口，查看网络表的日志文件。

图12-87　网络表的日志文件

选择菜单栏中的"Place（放置）"→"Manually（手动放置）"命令，弹出"Placement（放置）"对话框，在"Placement List（放置列表）"选项卡中的下拉列表中选择"Components by refdes（按照元件序号）"选项，按照序号显示元件。如图12-88所示。

在列表下显示所有元件，表示元件封装导入成功，点击 Close 按钮，关闭对话框。

9. 摆放元件

（1）选择菜单栏中的"Place（放置）"→"Quickplace（快速摆放）"命令，将弹出"Quickplace（快速摆放）"对话框，选择"Place all components"。

（2）单击 Place 按钮，对元件进行摆放操作，显示摆放成功，对话框如图12-89所示，单击 OK 按钮，关闭对话框，电路板元件摆放显示如图12-90所示。

图12-88 "Placement List（放置列表）"选项卡

图12-89 "Quickplace（快速摆放）"对话框

图12-90 电路元件摆放结果

10. 取消飞线显示

单击"View（视图）"工具栏中的"Unrats All"按钮，取消显示元件间的飞线，方便对元件进行布局操作。

11. 移动元件

选择菜单栏中的"Edit（编辑）"→"Move（移动）"命令或单击"Edit（编辑）"工具栏中的"Move（移动）"按钮，激活移动命令。在电路板中单击需要移动元件名称等文本参数，单击鼠标右键选择"Rotation（旋转）"命令，旋转需要的元件，结果如图12-91所示。

图12-91 布局后的PCB板

12. 3D效果图

（1）选择菜单栏中的"View（视图）"→"3D Canvas（3D显示）"命令，则系统生成该PCB的3D效果图，自动打开"Allegro 3D Canvas（3D显示器）"窗口，如图12-92所示。

图12-92 PCB板3D效果图

（2）选择菜单栏中的"Files（文件）"→"Export（输出）"命令，则系统以图片的形式输出该PCB的效果图，输入图片名称"MUSIC"，如图12-93所示，单击 Save 按钮，保存图片文件。

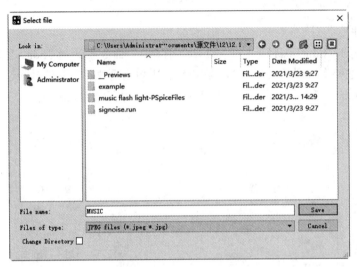

图12-93 PCB板3D效果图

13. 自动布线

（1）选择菜单栏中的"Setup（设置）"→"Grids（格点）"命令，将弹出"Define Grid（定义格点）"对话框，选择默认设置，单击 OK 按钮，关闭对话框，如图12-94所示。

（2）选择菜单栏中的"Route（布线）"→"PCB Router（布线编辑器）"→"Route Automatic（自动布线）"命令，将弹出"Automatic Router（自动布线）"对话框，如图12-95所示。

图12-94 "Define Grid（定义格点）"对话框   图12-95 "Automatic Router（自动布线）"对话框

（3）默认参数设置，单击 Route 按钮，开始进行自动布线，完成布线后，单击 Results 按钮，显示布线结果，如图12-96所示。

图12-96　布线结果

（4）单击 Close 按钮，关闭对话框。完成布线结果如图12-97所示。

图12-97　完成布线

14. 补泪滴

（1）选择菜单栏中的"Route（布线）"→"Gloss（优化设计）"→"Parameters（参数设定）"命令，系统弹出"Glossing Controller（优化控制）"对话框，勾选"Filed and tapered trace（修整锥形线）"，其余选项选择默认设置，如图12-98所示。

（2）单击 Gloss 按钮，为对象添加泪滴，结果如图12-99所示。

图12-98 "Glossing Controller（优化控制）"对话框

图12-99 补泪滴

12.5.2 晶体管电路PCB设计

1. 创建电路板

选择菜单栏中的"File（文件）"→"New（新建）"命令或单击"Files（文件）"工具栏中的"New（新建）"按钮□，弹出如图12-100所示的"New Drawing（新建图纸）"对话框。

在"Drawing Name（图纸名称）"文本框中输入图纸名称"TR"；在"Drawing Type（图纸类型）"下拉列表中选择图纸类型"Board"。

单击 OK 按钮，结束对话框，进入设置电路板的工作环境。

2. 导入原理图网络表信息

选择菜单栏中的"File（文件）"→"Import（导入）"→"Logic/Netlist（原理图）"命令，弹出如图12-101所示的"Import Logic/Netlist（导入原理图）"对话框。选择"Cadence"选项卡，导入在Capture里输出网络表。

图12-100 "New Drawing（新建图纸）"对话框

在"Import logic type（导入的原理图类型）"选项组下勾选"Design entry CIS（Capture）"选项；在"Place changed component（放置修改的元件）"选项组下默认选择"Always（总是）"。

在"Import directory（导入路径）"文本框中，单击右侧按钮，在弹出的对话框中选择网表路径目录，单击 Import 按钮，导入网络表，出现进度对话框，如图12-102所示。

当执行完毕后，若没有错误，会在命令窗口中显示以下完成信息。

（1）Starting Cadence Logic Import。

（2）netrev completed successfully，use Viewlog to review the log file。

（3）Opening existing design。

（4）netrev completed successfully，use Viewlog to review the log file。

图12-101　"Import Logic/Netlist（导入原理图）"对话框

图12-102　导入网络表的进度对话框

选择菜单栏中的"Place（放置）"→
"Manually（手动放置）"命令，弹出"Placement
（放置）"对话框，在"Placement List（放
置列表）"选项卡中的下拉列表中选择
"Components by refdes（按照元件序号）"选
项，按照序号显示元件，如图12-103所示。

在列表中显示所有元件，表示元件封装
导入成功，单击 Close 按钮，关闭对话框。

3. 图纸参数设置

在绘制边框前，先要根据板的外形尺寸
确定PCB的工作区域的大小。

选择菜单栏中的"Setup（设置）"→
"Design Parameter（设计参数）"命令，弹出
"Design Parameter Editor（设计参数编辑）"对

图12-103　"Placement List（放置列表）"选项卡

话框，选择"Design（设计）"选项卡，在"Extents（图纸范围）"选项中设置Left X、Lower Y、Width、
Height相应的值、确定图纸边框大小，如图12-104所示。

4. 电路板的物理边界

选择菜单栏中的"Add（添加）"→"Line（线）"命令或单击"Add（添加）"工具栏中的"Add Line

（添加线）"按钮╲，依次在输入窗口输入字符："x 0 0"、"ix 4000"、"iy 3000"、"ix -4000"、"iy -3000"。

绘制一个封闭的边框，完成边框闭合后，点击鼠标右键，选择快捷命令"Done（完成）"结束命令。绘制完成的边框如图12-105所示。

图12-104 "Extents（图纸范围）"选项　　　　图12-105 绘制边框

5. 放置定位孔

选择菜单栏中的"Place（放置）"→"Manually（手工放置）"命令或单击"Place（放置）"工具栏中的"Place Manual（手工放置）"按钮□₊，弹出"Placement（放置）"对话框，如图12-106所示。选择"Placement List（放置列表）"选项卡，在下拉列表中选择"Mechanical symbols（机械符号）"选项，显示加载的库中的元件，勾选"MTG156"，在信息窗口中一次输入定位孔坐标值，放置4个定位孔，结果如图12-107所示。

图12-106 选择符号　　　　图12-107 放置定位孔

6. 放置工作格点

选择菜单栏中的"Setup（设置）"→"Grids（网格）"命令，弹出如图12-108所示的"Define Grid（定义网格）"对话框，在该对话框中主要设置显示层的偏移量和间距。在"Non-Etch（非布

线层）""All Etch（布线层）"栅格设为10mil，
偏移量为5 mil，如图12-108所示。

7. 电路板的电气边界

（1）允许布局区域。

选择菜单栏中的"Edit（编辑）"→"Z-copy（复制）"命令，打开右侧"Options（选项）"面板，如图12-109所示。

在"Copy to Class/Subclass（复制集/子集）"选项组下依次选择"Package keepin（允许布局区域）""All"选项。在"Size（尺寸）"选项组下选择"Contract（缩小）"；在"Offset（偏移量）"中输入要缩小的数值50。

完成参数设置后，在工作区中的边框线上单击，自动添加有适当间距的允许布局区域线，如图12-110所示。

图12-108 "Define Grid（定义网格）"对话框

图12-109 "Options（选项）"面板

图12-110 添加允许布局区域

（2）允许布线边界。

选择菜单栏中的"Edit（编辑）"→"Z-copy（复制）"命令，打开右侧"Options（选项）"面板，如图12-111所示。

在"Copy to Class/Subclass（复制集/子集）"选项组下依次选择"Route keepin（允许布线区域）""All"选项。在"Size（尺寸）"选项组下选择"Contract（缩小）"；在"Offset（偏移量）"中输入要缩小的数值25。

完成参数设置后，在工作区中的边框线上单击，自动添加有适当间距的允许布局区域线，如图12-112所示。

（3）禁止布线边界。

选择菜单栏中的"Edit（编辑）"→"Z-copy（复制）"命令，打开右侧"Options（选项）"面

图12-111 "Options（选项）"面板

板，如图12-113所示。

图12-112　添加允许布线区域　　　　　图12-113　"Options（选项）"面板

在"Copy to Class/Subclass（复制集/子集）"选项组下依次选择"Route keepout（禁止布线区域）""All"选项。在"Size（尺寸）"选项组下选择"Contract（缩小）"；在"Offset（偏移量）"中输入要缩小的数值65。

完成参数设置后，在工作区中的边框线上单击，自动添加有适当间距的禁止布线边界，如图12-114所示。

8. 添加布局属性

（1）选择菜单栏中的"Edit（编辑）"→"Properties（属性）"命令，在右侧的"Find（查找）"面板下方"Find By Name（通过名称查找）"下拉列表中选择"Comp（or Pin）"，如图12-115所示。

图12-114　禁止布线区域　　　　　　图12-115　"Find（查找）"面板

（2）单击"More（更多）"按钮，弹出"Find by Name or Property（通过名称或属性查找）"对话框，在该对话框中选择需要设置Room属性的元件并单击此按钮将其添加到"Selected objects（选中对象）"列表框，如图12-116所示。

图12-116　"Find by Name or Property（通过名称或属性查找）"对话框

（3）单击 Apply 按钮，弹出"Edit Property（编辑属性）"对话框，在左侧"Available Properties（已有属性）"下拉列表中选择"Room"并单击，在右侧显示"Room"并设置其Value值，在"Value（值）"文本框中输入ROOM1，表示选中的几个元件都是ROOM1的元件，或者说这几个元件均添加了Room属性，如图12-117所示。

图12-117　"Edit Property（编辑属性）"对话框

（4）完成添加后，单击 Apply 按钮，完成在PCB中Room属性的添加，弹出"Show Properties（显示属性）"对话框，在该对话框中显示元件属性，如图12-118所示。

用同样的方法，为元件SW1～SW9添加ROOM2属性，为元件R10、R11、R12、R13、C2、Q2添加ROOM3属性，为Q1、R14、C1、LS1添加属性ROOM4。

完成Room属性的添加后，需要在电路板中确定Room的位置。

（5）选择菜单栏中的"Setup（设置）"→"Outlines（外框线）"→"Room Outline（区域布局外框线）"命令，将弹出"Room Outline（区域布局外框线）"对话框，如图12-119所示。

图12-118　"Show Properties（显示属性）"对话框

（6）在"Room Name区域（空间名称）"区域显示创建的名称ROOM1，在工作区拖动出适当大小矩形，完成ROOM1的添加，在"Room Outline"对话框内继续设置下一个（ROOM2），重复操作，添加好需要的Room后，单击 OK 按钮，退出对话框。完成添加的Room如图12-120所示。

图12-119　"Room Outline（区域布局外框线）"对话框　　　图12-120　添加Room区域

9. 摆放元件

（1）选择菜单栏中的"Place（放置）"→"Quickplace（快速摆放）"命令，将弹出"Quickplace（快速摆放）"对话框，选择"Place by room（按ROOM属性摆放）"，如图12-121所示。

（2）单击 Place 按钮，对元件进行摆放操作，摆放成功后，对话框如图12-122所示，单击 OK 按钮，关闭对话框，电路板元件摆放如图12-123所示。

图12-121　"Quickplace（快速摆放）"对话框　　　　　图12-122　摆放成功

图12-123　电路元件摆放结果

10. 元件布局

（1）取消飞线显示。

单击"View（视图）"工具栏中的"Unrats All"按钮，取消显示元件间的飞线，方便对元件进行布局操作。

（2）移动元件。

选择菜单栏中的"Edit（编辑）"→"Move（移动）"命令或单击"Edit（编辑）"工具栏中的"Move（移动）"按钮，激活移动命令。在"Find（查找）"面板内单击"All Off（全部关闭）"按钮，取消所有对象类型的勾选，然后只勾选"Symbols（符号）"复选框，如图12-124所示，在电路板中单击需要移动的元件封装，单击鼠标右键选择"Rotation（旋转）"命令，旋转需要的对象，结果如图12-125所示。

图12-124　"Find（查找）"面板

图12-125　元件布局

11. 保存文件

选择菜单栏中的"File（文件）"→"Save As（另存为）"命令，弹出"Save_As（另存为）"对话框，更改图纸文件的名称为"TR_copper"，单击 Save 按钮，完成保存。

12. 层叠管理

选择菜单栏中的"Setup（设置）"→"Cross-Section（层叠管理）"命令，将弹出"Cross-section Editor（层叠设计）"对话框，在列表内单击鼠标右键，在弹出的菜单中选择"Add Layer（增加层）"命令，添加两个布线内层，并修改属性，如图12-126所示。

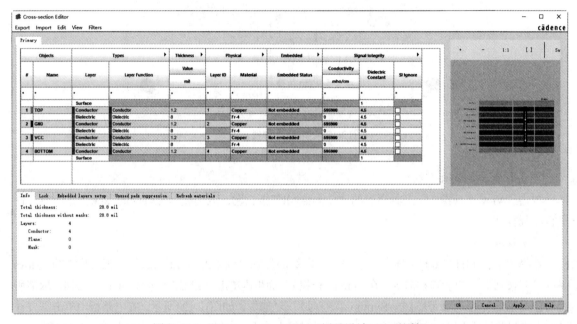

图12-126 "Cross-section Editor（层叠设计）"对话框

13. 设置颜色

选择菜单栏中的"Display（显示）"→"Color/Visibility（颜色/可见性）"命令，将弹出"Color Dialog（颜色）"对话框，选择Stack-Up，将VCC电气层的"Pin""Via""Etch"以及"Drc"颜色设置为红色，将GND电气层的"Pin""Via""Etch"以及"Drc"颜色设置为蓝色，如图12-127所示。

完成设置后单击 OK 按钮，关闭对话框。

14. 设置设计参数

选择菜单栏中的"Setup（设置）"→"Design Parameters（设计参数）"命令，弹出"Design Parameter Editor（设计参数编辑器）"对话框，选择"Display（显示）"选项卡，进行参数设置，如图12-128所示。

15. 设置覆铜参数

选择菜单栏中的"Shape（外形）"→"Global Dynamic Params（动态覆铜参数设置）"命令，弹出"Global Dynamic Shape Parameters（动态覆铜区域参数）"对话框，进行动态覆铜的参数设置。

图12-127　"Color Dialog（颜色）"对话框

图12-128　"Design Parameter Editor（设计参数编辑器）"对话框

选择"Shape fill（填充方式）"选项卡，如图12-129所示。选择"Rough（粗糙）"选项。其余参数选择默认设置。单击　OK　按钮，关闭对话框。

图12-129　"Shape fill（填充方式）"选项卡

16. 添加覆铜区域

选择菜单栏中的"Edit（编辑）"→"Z-copy（复制）"命令，打开右侧"Options（选项）"面板，如图12-130所示。

在"Copy to Class/Subclass（复制集/子集）"选项组下依次选择"ETCH""VCC"；选项。在"Size（尺寸）"选项组下选择"Contract（缩小）"；在"Offset（偏移量）"中输入要缩小的数值0。

完成参数设置后，在工作区中的禁止布线边框线上单击，自动添加重合的VCC覆铜区域，如图12-131所示。

图12-130　"Options（选项）"面板

图12-131　添加VCC覆铜区域

用同样的方法选择"ETCH""GND"选项；添加与禁止布线边框线间距为5的GND覆铜区域，如图12-132所示。

图12-132　添加GND覆铜区域

17. 修改DRC规则

因为电路板上的导线不是完全绝缘的，会经常受到工作环境的影响产生不利于电路板正常工作的因素，因此为了避免此种现象需要规定导线之间的距离。同理，非导线元件之间要想正常工作而不相互影响也需要有一定的安全距离。

将鼠标放置在图12-133所示DRC标记上时，会自动显示如图12-134所示的解释说明。

图12-133　添加好的覆铜区域

DRC error "Thru Pin to Shape Spacing" Vcc
Constraint value: 5 MIL
Actual value: 0 MIL

图12-134　DRC说明

（1）选择菜单栏中的"Setup（设置）"→"Constraints（约束）"→"Modes（模型）"命令，弹出"Analysis Modes（分析模型）"对话框，选择"Spaceing"选项，勾选"off"复选框，如图12-135所示。然后单击　OK　按钮，完成设置。在图中不显示该DRC标记，如图12-136所示。

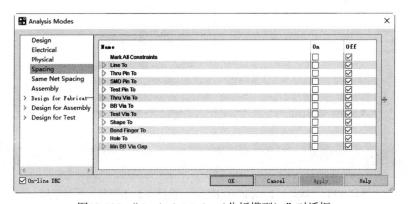

图12-135　"Analysis Modes（分析模型）"对话框

（2）选择菜单栏中的"Shape（外形）"→"Select Shape or Void/Cavity（选择覆铜区域避让）"命令，选择GND覆铜区域，单击鼠标右键，在弹出菜单中选择"Assign Net（分配网络）"命令，在"Options（选项）"面板内单击 ... 按钮，在弹出的"Select a net（选择网络）"对话框内选择Gnd，设置选择网络为GND，如图12-137所示。

（3）在工作区单击鼠标右键，在弹出的快捷菜单中选择"Done（完成）"命令。

图12-136　清除DRC标记

图12-137　"Options（选项）"面板

18. 设置设计参数

选择菜单栏中的"Setup（设置）"→"Design Parameters（设计参数）"命令，弹出"Design Parameter Editor（设计参数编辑器）"对话框，选择"Display（显示）"选项卡，进行参数设置，如图12-138所示。

图12-138　"Design Parameters Editor（设计参数编辑器）"对话框

19. 生成元件报告

（1）选择菜单栏中的"Tools（工具）"→"Reports（报告）"命令，弹出"Reports（报告）"对话框，在"Available Reports（可用报告）"栏中选择"Bill of Material Report""Component Report"选项，使其出现在"Selected Reports（选择的报告）"栏中，如图12-139所示。

图12-139　"Reports（报告）"对话框

（2）单击 Generate Reports 按钮，生成电路图元件清单，如图12-140和图12-141所示。

Design Name C:/Users/Administrator/Documents/源文件/12/12.2/TR_copper.brd
Date Tue Mar 30 09:20:12 2021
Total Components: 28

Component Report

REFDES	COMP_DEVICE_TYPE	COMP_VALUE	COMP_TOL	COMP_PACKAGE	SYM_X	SYM_Y	SYM_ROTATE	SYM_MIRROR
C1	C_CAP196_100PF	100pF		CAP196	3285.0	765.0	0.000	NO
C2	C_CAP196_100PF	100pF		CAP196	775.0	885.0	0.000	NO
LS1	SPEAKER_VVRM_SPEAKER	SPEAKER		VVRM	2865.0	1127.0	0.000	NO
Q1	2N4851_T05_2N4851	2N4851		T05	2855.0	415.0	0.000	NO
Q2	BC107_T05_BC107	BC107		T05	735.0	375.0	0.000	NO
R1	RESISTOR VAR_RESADJ_RESISTOR VA	RESISTOR VAR		RESADJ	2237.0	2713.0	0.000	NO
R2	RESISTOR VAR_RESADJ_RESISTOR VA	RESISTOR VAR		RESADJ	1821.0	2713.0	0.000	NO
R3	RESISTOR VAR_RESADJ_RESISTOR VA	RESISTOR VAR		RESADJ	2029.0	2713.0	0.000	NO
R4	RESISTOR VAR_RESADJ_RESISTOR VA	RESISTOR VAR		RESADJ	2445.0	2713.0	0.000	NO
R5	RESISTOR VAR_RESADJ_RESISTOR VA	RESISTOR VAR		RESADJ	3069.0	2713.0	0.000	NO
R6	RESISTOR VAR_RESADJ_RESISTOR VA	RESISTOR VAR		RESADJ	2653.0	2713.0	0.000	NO
R7	RESISTOR VAR_RESADJ_RESISTOR VA	RESISTOR VAR		RESADJ	3277.0	2713.0	0.000	NO
R8	RESISTOR VAR_RESADJ_RESISTOR VA	RESISTOR VAR		RESADJ	2861.0	2713.0	0.000	NO
R9	RESISTOR VAR_RESADJ_RESISTOR VA	RESISTOR VAR		RESADJ	1613.0	2713.0	0.000	NO
R10	R_RES800_1K	1k		RES800	1228.0	283.0	0.000	NO
R11	R_RES800_1K	1k		RES800	1504.0	283.0	0.000	NO
R12	R_RES800_1K	1k		RES800	1780.0	283.0	0.000	NO
R13	R_RES800_1K	1k		RES800	2056.0	283.0	0.000	NO
R14	RESISTOR VAR_RESADJ_RESISTOR VA	RESISTOR VAR		RESADJ	2555.0	1035.0	0.000	NO
SW1	SW_SPST_D013_SW_SPST	SW SPST		D013	1413.0	1362.0	0.000	NO
SW2	SW_SPST_D013_SW_SPST	SW SPST		D013	1661.0	1362.0	0.000	NO
SW3	SW_SPST_D013_SW_SPST	SW SPST		D013	1909.0	1362.0	0.000	NO
SW4	SW_SPST_D013_SW_SPST	SW SPST		D013	2157.0	1362.0	0.000	NO
SW5	SW_SPST_D013_SW_SPST	SW SPST		D013	2405.0	1362.0	0.000	NO

图12-140　元件报告

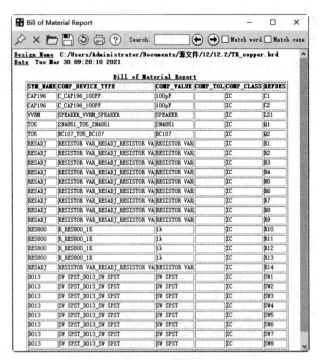

图12-141　材料报表

（3）依次关闭元件清单，单击 Close 按钮，退出对话框。